公园城市

建设模式与途径

PARK CITY – MODELS AND METHODS OF DDON

袁松亭 ◎ 主编

华中科技大学出版社
http://www.hustp.com
中国·武汉

图书在版编目（CIP）数据

公园城市：建设模式与途径 / 袁松亭主编. —武汉：华中科技大学出版社，2022.1
ISBN 978-7-5680-7753-8

Ⅰ.① 公… Ⅱ.① 袁… Ⅲ.① 城市规划 – 研究 Ⅳ.① TU984

中国版本图书馆CIP数据核字（2021）第 247235 号

公园城市：建设模式与途径　　　　　　　　　　　　　　　　　　　袁松亭　主编
GONGYUAN CHENGSHI：JIANSHE MOSHI YU TUJING

出版发行：华中科技大学出版社（中国·武汉）　　　　　　电话：(027)81321913
　　　　　武汉市东湖新技术开发区华工科技园　　　　　　邮编：430223

策划编辑：王　娜　　　　　　　　　　　　　　　　　　责任编辑：赵　萌
责任校对：赵　萌　　　　　　　　　　　　　　　　　　责任监印：朱　玢

印　　刷：武汉精一佳印刷有限公司
开　　本：787mm×1092 mm　1/16
印　　张：13.25
字　　数：201千字
版　　次：2022年1月 第1版 第1次印刷
定　　价：158.00元

投稿邮箱：wangn@hustp.com
本书若有印装质量问题，请向出版社营销中心调换
全国免费服务热线：400-6679-118 竭诚为您服务

序 言 1

2018 年春节前夕，习近平总书记视察成都天府新区时强调："天府新区一定要规划好建设好，特别是要突出公园城市特点，把生态价值考虑进去"。同年 4 月在参加首都义务植树活动指出："一个城市宜居啊，就是整个城市都是一个大公园，老百姓走出来啊，都像在自己的家里的花园里一样"。

公园城市作为一种新的城市发展理念，是对我国城市生态和人居环境建设提出的更高要求。公园城市实现了由过去的"在城市里建公园"到现在的"在公园里建城市"的战略转变。这是新时代对生态园林城市、园林城市建设提出的新要求，更是国家生态园林城市、园林城市内涵的深化和拓展。

公园城市的理念对于我国城市建设具有重要的指导意义，风景园林行业对此也做出了积极响应。全国有近 50 个城市把公园城市建设作为城市绿色发展的目标。对于公园城市的概念也进行研究与探索。公园城市的概念突出体现在以下四个方面。

1. 公共空间，全民共享——支撑以服务人民为中心的、满足城市基本公共服务的、开放性、可达性、亲民性的绿色开放空间体系。强调公平、公正、为民。

2. 园林载体，多元共生——突出园林艺术指导下的城市绿色空间体系构建，打造景观优美和承载文化传承的场所，建设具有绿色活力的城乡生态本底和城市公共空间体系。

3. 城乡并举，协调发展——城市绿地系统、区域生态系统、美丽乡村体系等统筹规划，着力实现全域统筹，强调山水林田湖草融合共生的复合生态体系。

4. 市业联动，绿色引擎——构建资源节约、环境友好、循环高效的生产方式，建立生态经济体系和绿色资源体系，发展新经济、培育新动能，推动形成转型发展新路径。着力优化绿色公共服务供给，坚持以让市民生活更美好为方向，实现简约健康的生活价值。

《公园城市：建设模式与途径》一书的编撰特点是：在理论研究方面，系统梳理了国内外城市化发展的脉络，特别是针对公园在城市中的功能价值演变和发展趋势做了深度的阐述，从"城市公园"与"公园城市"的概念与发展进行了全面的探讨。传统城市公园的建设是城市系统中依据边界与功能构建的城市绿色节点，强调公园本身的景观特色和游憩功能。公园城市建设则从生态的视角出发，重视潜在的自然过程的整体性、连续性和系统性，为协调城市与自然的关系提供了崭新的理论视角，以期达到人类文明与自然共生共荣的理想状态。

本书结合笛东设计公司近十年的工程项目实践，展示出公园城市理念指导下所形成的独特设计理念和方法体系，突出体现"以人为本"的宗旨，以不同尺度、类型和层次的大量规划设计实践案例对公园城市的建设做出了积极的探索。

在此，衷心祝贺《公园城市：建设模式与途径》一书的出版，也对笛东设计公司对风景园林行业的贡献表示感谢。

公园城市的理念具有前瞻性和独特性，其理论构建需要风景园林行业从业者不断地探索和研究，也需要通过大量的建设实践不断地丰富完善。本书的出版发行为笛东设计公司提供了机会来分享其在公园城市建设方面的深度理论探索成果和实践经验，期望能够唤起全社会对公园城市建设的高度关注，并进一步激发风景园林行业从业者在此领域的更多研究和实践，共同构筑具有"中国特色、中国风格、中国气派"的新时代中国城市绿色发展之路。

李雄　教授

北京林业大学副校长

中国风景园林学会副理事长

2021 年 12 月 6 日

序 言 2

　　本书主要涵盖了笛东围绕景观和城市设计对"公园城市"开展的建设模式与途径研究；这种研究在今天高度关注和强调绿色发展和转型发展的新时代，是一件非常有意义的工作。就本书来看，它的意义主要体现在以下两个方面：一是通过"公园城市"的规划设计优化，推动城市和景观建设的生态化技术应用和发展，以景观的自然山水处理与城市生活多种景观诉求的统筹平衡，强化景观要素与城市空间布局在点、线、面的网络化融合，进而发挥它们的生态驱动力在推进城市可持续发展方面的积极作用；二是通过"公园城市"的建设路径提升，将城市公园和景观绿地作为一种自然和人文结合的空间要素，促进城乡融合和社区凝聚发展，使其成为塑造地方特色文化的治理手段，以促进城市文化与地方经济的发展等。

　　"公园城市"，关键在于城市公园和景观规划建设表现出服务城市生活的公共性、开放性特点，体现出探索的城市发展和城市规划理念的先进性、包容性，展现出立足于城市与自然山水结合、景观设计与工程技术结合的创新性和可持续性，以及包含的服务城市绿色生活的健康理念。因此可以理解，"公园城市"不是指一种有关城市的独特功能类型，更多的是指城市与公园、城市与公共生活、城市与绿色发展相融合的一种开放、和谐、共享和绿色、健康的形态类型，一种为当代城市社会发展服务的城市公园和景观设计的探索创新。

　　回顾了19世纪工业国家城市中最初出现的城市公园，它们主要是为了应对当时城市的快速发展造成的空间无序扩展问题而产生的。伯纳姆利用林荫道、绿地为景观、空间要素规划设计的芝加哥规划，城市美化运动中以"大规划"提升城市公共形象的大绿地景观公园规划设计，奥姆斯特德所作的将自然融入城市平民生活的城市开放绿地建设，加之后的霍华德的"田园城市"，在郊外绿地中建设新城的城市 - 区域协调发展的规划理念，所有这些勾勒出早期城市规划建设中城市物质环境和城市形态探索的历史脉络。

　　近年来，随着对可持续发展和自然环境保护的日益重视，城市与自然环境的生态和社会联系越来越成为城市高质量发展的关注重点，绿色空间的物质形态规划设计不再仅仅用于重建城市空间秩序和城市形象，而更多地服务于社会文明进步和绿色可持续的健康生活。城市与自然环境的关系处理，不再仅限于将公园绿地、道路绿化、河湖水系等融入城市，而更加注重城市功能与自然环境可持续利用的协调发展，进而发展成为今天城市绿色生活空间类型的一个重要组成部分。为此，"公园城市"要探索城市公园、绿地建设的生态化处理手段，以生态技术提升城市适应自然环境变化的能力；要探索自然、郊野生活与城市生活的融合，将城市公园、绿地发展为承载多样化公共生活的一个城市大客厅；不断深化理解城市公园绿地的公共性，努力将公园绿地、街道绿化等与城市的文化生活、体育健康生活等结合，为城市提供文化创新和健康活动的新型场所，使之成为城市现代化的重要标识。

本书在回顾了早期城市公园、绿地规划设计的发展历程之后，指出了现实中存在的脱离城市生态体系、脱离社会发展实际诉求的种种问题，为此积极拓展和利用新的生态技术和理念，结合发展转型的新机遇，通过承担有关景观规划和城市公园规划设计项目，对"公园城市"的几个主要方面——城市公园的生态化处理技术应用，以及城市公园与城市更新、城市公园与区域发展等——进行了探索，并有重点地梳理和总结相关方面的经验，以深化认识"公园城市"的科学内涵，也展现了对新趋势的准确把握和对创新应用的探索。研究具有一定的前瞻性。

本书涉及的"公园城市"的景观设计实践，不仅限于景观设计方面，也包含了对城市设计的融合探索，在城市设计与景观设计的结合方面同样有突出的表现。本书关注人的需要，关注地方城市通过"公园城市"的建设，来改善城市生活，提高环境品质和提升历史文化旅游水平的渴望，同时也予以了充分的重视，呈现了多专业结合的特点。这种探索，不再是针对单个公园，以解决单个的城市问题，而在于综合处理城市所面对的复杂而多样的发展问题，反映了当今对城市的公共性、生态性等特征的复杂和多样的理解，因而具有独特的价值。研究探索的"公园城市"规划设计以及建设模式和途径，在实际项目和实践工程中得到了具体应用，这也是值得庆贺的。

当然，"公园城市"不是将城市建设成公园。"公园城市"是在一般意义的城市之上，更加突出城市的公共性、包容性、生态性、可持续性等。为此"公园城市"建设要抓住重点，对城市的自然环境和社会环境发展规律和趋势要有更科学的把握，通过适度的生态、景观、文化等措施的干预，将城市中的自然与社会、人文、环境要素更为有机地组织在一起。"公园城市"的干预措施，既不能过多，也不能过少；恰如其分地处理自然与人工，以及个体与城市的关系，是建设"公园城市"的科学关键。

希望"公园城市"秉持的规划设计理念在我国城市建设中大放异彩，希望"公园城市"表现出的对城市的公共性和可持续性的理解，能够为广大的社会大众所接受，从而使其成为探索我国城市高质量发展一个新的亮点。

吴唯佳　教授

清华大学建筑与城市研究所副所长

中国城市规划学会常务理事

2021 年 11 月 29 日

清华大学建筑馆

前　言

思考何为"公园城市"，其实也给了我们一个契机去重新探究人与城市的关系，系统性地审视如何建设一座城市。城市之所以存在并不断演进，是因为在不同的历史条件和时代背景下，人类自身在物理空间层面的投射，是基于其对于美好生活的想象与创造而产生的。城市不仅是人类赖以生存的空间载体，也是人类文明进程的缩影。在今天，无论是对于走出新冠阴霾，还是对于解决气候危机、推动可持续发展，尤其是在中国确立碳达峰、碳中和的双碳目标之下，城市相较于乡村拥有无可比拟且不可低估的重要性和影响力。

在 2001 年至 2018 年间，中国新扩张的城市面积，占全球城市扩张总面积近一半。快速城市化所带来的种种挑战，对于我国乃至世界都是前所未有的。习近平总书记在党的十九大上明确提出，"我国社会主要矛盾已经转化为人民日益增长的美好生活需要和不平衡不充分的发展之间的矛盾"。从这一角度出发，如何通过打造"公园城市"，让生活在城市中的人们感到幸福，是我们在研究和编著此书时最为核心的课题。

实现"公园城市"的愿景，其基础应当是以人民为中心的发展思想。景观设计，在建设公园城市的过程中充当着多重角色，具有丰富的内涵。幸福感不仅来源于令人赏心悦目的城市面貌或如诗如画的城市风光，它还与一座城市满足人们在衣、食、住、行上的不同需求、让人们安居乐业息息相关。因此，出色的当代景观设计不再只是关乎审美，也绝非装饰，而应当在一座美丽宜居的城市中充当健康且具备韧性的生态基底，从而促进多元的经济文化活动与日常的社会交往，发挥积极的触媒作用。

在书中，我们回顾了城市与公园的历史，并总结了笛东过去数年的实践与方法论，提出了建设公园城市体系的三大关键途径：生态本底、以人为本、经济与文化驱动；三者之间缺一不可、相互递进。同时，我们也意识到新技术的出现和普及所带来的改变，互联网、5G、虚拟与现实的不断融合……这些改变挑战了设计行业传统的思考方式，也让景观设计师思索问题的方式有所改变，更为关注构筑学科间的联结、搭建思维间的网络，让设计实践得以深化，更系统地解决更复杂棘手的问题。

以上都是笛东团队在过去的不同项目中所亲身经历的，以及在未来即将进一步探索的。让"公园城市"由愿景成为现实，需要践行者针对中国城市的特殊性进行转译。为此，我们希望以著书的形式和更为系统化、理论化的研究角度，将笛东在当下中国的"公园城市"设计规划经验记录下来。

最后，我希望籍此机会向书中所涉及的项目团队表示感谢，感谢吴敬涛、马恺、朱虹、石可、顾宗武、刘源、马一鸣、刘博、周爽、李昭、尹化民、李曼、崔卓、王昊等在项目编制过程中的辛苦工作。感谢张靓秋、罗文婷、薛鹏程、周艺娴于本书的理论研究部分的大力支持。感谢高明明于本书出版的统筹工作。感谢林沛毅为本书提出宝贵意见。感谢刘婧煜、张昊宁、于帆、张晓玮、董晶、钟露婷、胡志杰、李紫冰、高敏等在项目整理过程中的帮助。建设公园城市，任重道远。希望此书的出版能抛砖引玉，为中国乃至全球城市的可持续发展贡献绵力。

袁松亭

笛东规划设计（北京）股份有限公司

董事长　首席设计师

概　要

中国城市可持续发展的紧迫性

1987 年，在联合国大会上发表的著名的布伦特兰报告——《我们共同的未来》（Our Common Future），首次定义了"可持续发展"："它既能满足当代人的需求，又不损害后代人满足其需求的能力"。随后的 90 年代，这个概念逐步地渗透到世界各国、各行各业。在 1992 年联合国环境与发展大会召开后，中国首次明确地提出由传统发展模式向可持续发展转型的愿景。千禧年至今，面向新十年的征程，实现经济发展和人口、资源、环境相协调，建设生态文明，已提升到了国家战略任务的高度。

2020 年 9 月，习近平主席在第七十五届联合国大会一般性辩论上表示："中国将提高国家自主贡献力度，采取更加有力的政策和措施，二氧化碳排放力争于 2030 年前达到峰值，努力争取 2060 年前实现碳中和。"他同时指出："这场疫情启示我们，人类需要一场自我革命，加快形成绿色发展方式和生活方式"。在碳中和的长远愿景之下，如何在经济发展的过程中同时协调人与自然的关系，需要我们重新对城市发展的实践路径进行思考。

城市的建成环境（built environment）与经济、社会、文化息息相关，因而，可持续发展转型也意味着城市物理形态和空间特征的转变。在转型的过程中，城市规划师、建筑师和景观设计师等参与者将担任越发重要的角色，他们不仅需要通过设计提升建成环境的质量，亦需深入思考如人口增速放缓、老龄化加速、全球变暖和人工智能等未来的变化趋势，所面临的设计挑战也日益多样且复杂。

公园城市的理念创新

回望 2018 年初春，习近平主席于四川天府新区考察时首次提出了建设公园城市的理念，强调"要突出公园城市特点，把生态价值考虑进去，努力打造新的增长极，建设内陆开放经济高地"（图 0 - 1）。在这样一个特殊的历史时期，公园城市理念的提出则为中国城市的可持续发展提供了具体的实践路径。

公园城市理论的独特性，在于其背后城市发展基本逻辑的根本性转变。传统公园绿地的建设，是城市系统中依据边界与功能划分的局部元素。相较之下，以生态视角为先的公园城市建设，则重

---

1 习近平在第七十五届联合国大会一般性辩论上的讲话 [EB/OL]. 新华网 . [2020-09-23]. http://www.xinhuanet.com/politics/leaders/2020-09/22/c_1126527652.htm.

视潜在的自然过程的整体性、连续性和系统性，为处理城市与自然的关系提供了崭新的理论视角，并且结合多种尺度、学科理论及方法技术，因而可以从共生共荣的宏观视角，处理人类文明与自然之间的关系。

公园城市理论的首提地与建设示范区
图 0-1 四川天府新区的城市天际轮廓线 © 四川天府新区成都党工委党群工作部

如此一来，公园便由以往的城市构成要素，跃升为"美丽中国"语境下塑造新城市形态的触媒，推动从"城市中建公园"向"公园中建城市"的范式转型与理论革新，近数年间已引发国内学界乃至社会的广泛关注与积极回响。

公园城市理论与实践现状

国内城市规划与设计行业有必要将公园城市理论放置于可持续发展转型的背景下进行深入探讨。笛东认为，公园城市理论将有望成为中国城市发展研究与规划设计实践的宏观理论框架，指导与统筹这两个领域共同向可持续发展迈进，并在实际操作层面，为参与这一过程中的不同利益相关方与相关专业人士建立一套共同的参考标准和沟通语言，促进各方之间的交流、合作、协调，凝聚力量。贯彻落实公园城市理论，将对中国未来城市的高质量发展产生深远的影响。丰富与深化公园城市的理论内涵，是国内景观与规划设计行业所肩负的新时代使命，这也为笛东撰写本书提供了契机。

近三年间，公园城市理论的发展仍处于较为初期的阶段，相关领域仍在通过研究及实践不断探索和总结经验。关于公园城市理论的现存研究，多侧重于城市管理与发展政策等方面，旨在强化公园城市的理论基础，充分挖掘公园城市建设对促进城市发展的价值，以及构建公园城市发展的参考指标体系。而有关规划和设计层面的具体实践路径的研究，才刚刚起步。

本书结合理论与实践，协调技术与美学，贯通政策与落实，通过集结国内外以及笛东最新的前沿实践案例，全面呈现笛东对公园城市的创新理解与前沿观点，还分享了笛东逾十载的扎实耕耘成果和经验，为践行公园城市理论提供一个体系化的原创视角。

公园城市的理论构建是城市研究由局部走向系统的一个过程。在这一过程中，其复杂性和不确定性也将大幅增加。然而，这样的过程同时也孕育着无限创新的可能。本书期望激发城市规划与设计行业对公园城市这一重要选题的深入讨论和深化实践，不断地丰富公园城市理论在当代中国的具体实践路径。

章节简介

本书的首个章节将沿着中国与西方国家城市化的脉络，梳理回顾公园在城市中的角色演变和发展趋向，从而对"城市公园"与"公园城市"的概念和实践进行区分。"公园"逐步由建成环境中的元素"升维"至城市建设的触媒，而在此视角下，城市生态系统也拥有了在经济、生活、社会和品牌等维度的多重价值，为促进自然与发展的融合提供了创新的契机。同时，编者也对已有的公园城市的国际先锋实践典范进行总结，展示作为重要理论工具的公园城市体系如何同时处理复杂的规划与设计任务。

在结束第 1 章的回顾后，第 2 章着眼于景观行业如何在多种价值和诉求间思辨与践行，在公园城市的理论框架下实现升维革新。具体而言，本章将从笛东自身的实践层面出发，概括笛东在落实公园城市理论时所采用的设计理念与逐步形成的方法论体系。

第 3 至第 5 章将结合具体的案例实践，对上述笛东的公园城市视角与洞察作进一步阐释与分享。

第 3 章将从**生态**这一基础性要素出发，引入"人类世"的概念开篇，从系统的高度强调生态基底对于公园城市建设的重要性，再针对不同尺度和阶段的生态系统，探讨如何通过恢复与优化生态格局，提升生态活力。

在案例分析中，本章采用"由点至线、由线至网络"的递进视角，总结笛东构筑城市生态基底的经验，先从修复块状栖息地出发，探讨如何打造及修复受污染问题影响的局部生态多样性；在此基础之上，解析区域生态廊道等城市带状景观的设计策略；最后探讨由蓝绿结构交织而成的生态布局，拓展公园城市的生态网络，为实现其他城市功能与服务奠定良好的生态根基。

第 4 章将从**以人为本**这一根本性要素出发，关注在生态基底之上人与环境之间的互动及相互影响，并针对不同的城市发展阶段，探讨如何通过加强城市空间的公共性，提升社会活力。公园城市理论强调人的感官、需求、行为和活动应当与建成环境相协调匹配，这要求城市及其公共空间是人性化的，具备高度的灵活性。无论是梳理城市中的存量空间，打造城乡间的增量空间，抑或是创造小尺度的社区公园"绿芯"时，规划设计师都可以通过不同的规划设计手法与策略，融入"以人为本"的考量，从而通过空间和景观的积极干预，充分释放宜居生态城市的生机与活力。

在完善生态本底、打造人本空间的基础上，第 5 章将从**文化与经济**这一对驱动性要素出发，针对不同类型的场地资源和多元的消费场景营造，探讨如何通过彰显地域特色文化，提升城市内生的文化与经济活力。笛东从"在地"视角出发，通过辨析场地的空间基因，提炼场地的自然、民俗或文化 IP 等资源禀赋，通过多元创新的空间规划与设计策略，在满足生态保育、历史活化及竞争力提升的不同场地需求下，借助特色文化旅游实现在地产业结构的优化、升级和转型，最终实现生产、生活与生态的多元共赢。

在第 6 章"结语与展望"一章，编者提出本书尚未深入探讨的、未来公园城市研究与实践的不同方向，以及在公园城市的实践中将会遇到的机遇与挑战，旨在抛砖引玉，激发城市规划与设计行业更多的思考、创意火花以及无尽的创新活力。

目　录

城市公园的角色转变

城市公园的角色转变

　　长久以来，无论是欧洲中世纪的城堡花园还是中国古典园林（图1-1、图1-2），不同形式的公园都能唤起人们对于美好家园的想象与向往。城市公园的诞生，可追溯至19世纪的工业革命。当时，快速工业化、人口增长和城市扩张，导致了自然生态收缩和退化等环境问题。随着城市内部环境恶化，规划师为改善市民的生产生活环境，希望通过兴建公园、增加绿地，修补城市与自然之间的裂痕。然而，城市公园发展至今，虽然在量上有效促进了城市绿地的增加，但尚未能激发城市发展模式的质变。在城市建设的过程中，应如何打破原有的模式，真正融合城市与自然，成为值得规划设计师深思的问题。

横贯中西、纵跨古今的公园建设历史
图1-1（左）　欧洲城堡花园 ©Bolt of Blue, Creative Commons
图1-2（右）　中国古典园林 ©Jonathan Miske, Creative Commons

　　公园城市理论与原先的城市公园建设理论有着本质上的区别，为解答这一问题提供了创新的路径和方法（图1-3）。公园城市的核心内涵，可概括为奉"公"服务人民、联"园"涵养生态、塑"城"美化生活、兴"市"绿色低碳高质量生产[1]。城市公园关注绿地数量的增加，将公园异化于城市整体建设。公园城市将公园看作城市建设与发展的触媒角色，强调公园与城市的多维融合，以生态作为基础性要素，协调经济发展、社会共融和环境保护，促进物质、能量和信息的流动，从而实现"公园即城市、城市皆公园"的人居愿景。

1　张俊涛.公园城市：世界城市发展的成都范本[J].经营管理者，2020(7)：46-47.

中国城市正处于发展方式转型的十字路口，公园将扮演何种角色？
图 1-3 "超一线城市"深圳 ©Robert Bye, Unsplash

　　在当代中国，公园城市理论以其体系化思维和颠覆性视角，推动城镇化从高速度向高质量的全面转型。2019 年，我国常住人口城镇化率首次突破 60%[1]，人口逐步从由乡村到城市的流动，过渡至城市之间的流动，由中心城市和城市群所组成的新型城镇化空间结构初露峥嵘。但同时，困扰城市已久的环境问题亦愈趋复杂，建设生态文明和美好人居的新时代，道阻且长。公园城市将指导我国城市建设者和空间设计者继续深耕，彰显其理论的时代价值。

　　本章旨在梳理公园这一角色在中西城市化脉络中的发展轨迹及其趋向，强调公园城市建设所具备的普适性、必要性，以及在当代中国语境下的特殊性。

1　宁吉喆. 中国经济再写新篇章（经济形势理性看）[N]. 人民日报，2020-01-22(9).

1.1 公园在城市中的演变

城市公园的诞生

　　回顾"城市公园"这一概念的起源，必当提及美国景观设计之父奥姆斯特德（Frederick Law Olmsted）。1856 年，奥姆斯特德为了改善城市建成环境、缓解城市生活的压力，参照英国风景式花园完成了纽约中央公园的修建（图 1-4）。这次尝试，首次将市政基础设施与城市景观相结合，致力打破城市空间中的阶级分隔，为普通人的日常社交生活带来田园牧歌般的绿色景观空间，继而催生了日后更多的城市公园规划实践。1859 年，在世界的另一端，西班牙城市规划师塞尔达（Ildefons Cerdà）在著名的巴塞罗那整体规划中，将绿色空间如珍珠般均匀镶嵌于城市肌理中，可谓是践行城市公园体系化设计之先驱（图 1-5）。

近代城市公园探索之起源
图 1-4（左）　1938 年纽约中央公园俯视图 © 纽约市公园与娱乐管理局
图 1-5（右）　塞尔达的网格化城市构想 © 巴塞罗那城市历史博物馆

　　奥姆斯特德和塞尔达的设计具有里程碑式的意义，但面对自然在工业城市中的缺位，他们的思考亦有其历史局限性。奥姆斯特德打造的纽约中央公园虽然看似浑然天成，却以提供社交和人为娱乐场所为主要的规划目的，在设计细节中并未充分考虑人造公园与相邻的城市生态系统之间的有机联系，导致二者割裂，而随后多年间，纽约市政府则需要花费大笔预算进行公园的环境管理与修缮；塞尔达想通过城市空间网格化实现平等的愿景，然而网格化形式所塑造的单一环境，远不能满足多元的建筑类型和差异化的居民活动需求 [1]。但奥姆斯特德和塞尔达的探索只是开始——城市与自然之间的裂痕未能借助他们的城市公园蓝图得以弥合，二者融合仍然行在路上。

1　[美]理查德·桑内特.栖居：都市规划的过去、现在与未来，如何打造开放城市，寻找居住平衡的新契机 [M].洪慧芳，译.中国台湾：马可孛罗，2020.

随后百年间，"公园化"实践与"城市化"进程齐驱并进。在欧美，规划师、建筑师和景观设计师们逐步深入探索城市公园的发展模式，从最初依赖几何、轴线、图面效果等着重于构成和形态的狭隘视角，到逐渐强调对生态保护及恢复、乡土化、艺术性，乃至以人为本的不同追求。城市公园的角色，主要历经三次浪潮下的转变：公园美化城市、公园追随功能、公园联合生态。

公园美化城市

19 世纪末至 20 世纪初，城市美化运动（City Beautiful Movement）于美国兴起，关注环境污染、公共健康等城市问题，希望通过强调"美和实用不可分割"的规划手段，恢复城市中心的良好环境、视觉秩序和吸引力。在这一时期，通过公园建设来美化城市的做法得以普及，公园实质上被当作改善城市混乱、丑陋面貌的"解毒剂"（图 1-6、图 1-7）。不过，城市美化运动中的公园建设因其过分强调规模、视觉装饰性和古典唯美主义，未能从根本上改变城市布局的性质、切中工业社会问题的要害，最终昙花一现，于 20 世纪 30 年代渐趋没落[1]。

1893 年的芝加哥世界博览会是城市美化运动的开端，华盛顿林荫大道是古典主义风格城市公园的典型案例
图 1-6（左）　芝加哥世界博览会鸟瞰图 ©Rand McNally and Company
图 1-7（右）　沿中轴线分布的林荫大道 ©Ed g2s at en.wikipedia

公园追随功能

1933 年发表的《雅典宪章》强调了以物质空间规划为主导、形式追随功能的现代主义城市规划思想和方法，开启了在城市中规划集中的高密度住宅和大面积绿地、由无序向有序过渡的新

1　陈恒，鲍红信. 城市美化与美化城市——以 19 世纪末 20 世纪初美国城市美化运动为考察中心 [J]. 上海师范大学学报：哲学社会科学版，2011，40(2): 59–65.

时期[1]。（第二次世界大战）战后城市百业待兴，华沙重建计划、英国第一代卫星城哈罗新城规划等项目，致力打造城乡相连的公园体系[2]。在这一时期，城市公园不再是"解毒剂"而被视为"磁石"，规划师渴望通过打造环境与设施优越的公园，吸引人们逗留与活动[3]。然而，现代主义思潮对都市纹理和有机性的截然割裂，让公园建设仅停留于追随大众游憩的功能，并未成为"磁石"，亦未能弥合悬而未决的城市与自然之间的撕裂（图 1-8）。

未能成为城市"磁石"的现代主义式公园规划
图 1-8 现代主义城市巴西利亚 ©Inmigrante a media jornada, Creative Commons

公园联合生态

20 世纪 60 年代以来，全球环保意识觉醒。1962 年，美国科普作家雷切尔·卡森（Rachel Carson）出版了《寂静的春天》一书，记录了工业文明所带来的诸多负面影响，直接推动了日后

---

1 张诗雨. 国外城市规划的基本特征与理论基奠——国外城市治理经验研究之四 [J]. 中国发展观察，2015(5): 75-79.
2 刘洋，张晓瑞，张奇智. 公园城市研究现状及未来展望 [J]. 湖南城市学院学报（自然科学版），2020, 29(1): 44-48.
3 Cranz G. The Politics of Park Design: A History of Urban Parks in America[M].Cambridge: MIT Press, 1982.

现代环保主义的发展。1969 年，英国著名环境设计师麦克哈格（Ian Lennox McHarg）出版了《设计结合自然》一书，提出生态规划的概念。1976 年诞生了史上第一个以保护环境为目的的全球性宣言《人类环境宣言》；1977 年的《马丘比丘宪章》强调城市规划的过程性、动态性，以及人的需求的重要性。"生态城市""低碳城市""智慧城市"等理念在这个时期应运而生，公园建设着重打造强体验与强感知的开放生态环境，延续至今。

　　城市化势如潮涌，公园的角色由美化工具、游憩场所，发展为如今与生态联合，绝非一成不变。一代代人对城市公园的探索，也反映着不同历史时期经济、社会与文化的变迁。与此同时，城市与自然割裂的问题也越发复杂，城市公园通过单点建设的思维已无法实现与生态真正的联合，而需要从地方性、系统性、区域性和全局性等角度进行综合考量，与更多的学科范畴融合形成宏观的指导框架，才能在生物多样性保护、景观品质提升和人居环境改善中扮演更为重要的角色——这构成了公园城市理论提出的契机（图 1-9）。

新加坡花园城市建设，拓展 21 世纪的生态城市想象
图 1-9　新加坡的城市风貌 ©Luca Locatelli, Institute

1.2 我国公园发展脉络

城中造园、"天人合一"等理念早存于古代中国,起初以皇家园林、私家园林为主,服务小范围对象。公共园林起源于唐宋,代代传承,形成中国古典山水园林的建筑艺术,体现着中国传统文化中亘古绵延的生态自然观。随后,中国园林的角色在西方影响下不断变换。与西方概念相近的城市公园萌生于近代,例如,自19世纪末以来,上海租界内公园增多,同时出现了一批公用私园,但这些公园的规模和影响有限,多作为点块状空间分布于城市中[1],尚未以系统的视角进行整合,着重强调城市风貌形象塑造,而非以市民公共性的休闲游憩需求为先[2]。

在新中国成立后的计划经济主导时期,公园绿地的功能属性得以加强,成为城市建设和居住街坊建设的配套用地类型[3]。改革开放以来,城市公园的建设随着市场经济和城市化的快速发展而得以深化,发挥着有效带动周边土地升值以及驱动城市空间拓展的作用。此时,国内踊跃探讨和践行城市绿色发展的不同模式,主动规划及引导城市公园绿地系统的构建:

- 1987年——江西省宜春市建立了我国第一个**生态城市**试点
- 1989年——由全国爱卫会组织国家卫生部、建设部、环保部等共同发起创建**卫生城市**,意在改善生态与居住环境
- 1990年——著名学者钱学森先生提出了"**山水城市**"概念,传承我国的传统园林理念和山水美学,具有一定的前瞻性和时代意义
- 1992年——国家建设部在"绿化达标"和"全国园林绿化先进城市"等政策基础上提出"**园林城市**"概念,自2000年以来完善城市绿化覆盖率、城市用地的绿地率、人均公共绿地面积等园林绿化建设评定标准
- 2004年——全国绿化委员会、国家林业局启动了"**国家森林城市**"评定程序,2007年完善相关评价指标
- 2004年——国家住房和城乡建设部启动"**国家生态园林城市**"创建工作,是园林城市建设的更高阶目标,强调以人为本、环境优先、系统性、工程带动及因地制宜五大原则,以城市生态环境、生活环境和基础设施等为评价指标
- 2015年——国务院办公厅发布《关于推进海绵城市建设的指导意见》,部署推进**海绵城市**建设工作

1 熊月之 . 近代上海公园与社会生活 [J]. 社会科学 , 2013(5): 129-139.
2 吴岩 , 郝钰 ."公园—城市"关系的历史变迁与新时代的发展趋势 [EB/OL]. 中国城市规划设计研究院园林规划研究所 .[2018-08-03]. http://www.chla.com.cn/htm/2018/0731/269026.html
3 吴岩 , 王忠杰 , 束晨阳 , 刘冬梅 , 郝钰 ."公园城市"的理念内涵和实践路径研究 [J]. 中国园林 , 2018, 34(10): 30-33.

这些城市绿地建设的不同模式的探索，逐步建立起公园对城市良好发展的重要性。不过，上述模式仍遵循城市公园建设的逻辑：公园依附于城市绿地系统，是有着明确性质与功能的附属元素；公园设计脱离城市系统的整体框架，宛如城市中的异质[1]。自 2012 年以来，我国积极推进生态文明建设的战略决策，当下的城市发展，需要向以生态文明为引领、生态价值为根基的城市发展新模式转型，但仍缺乏具体的宏观理论指引。

在此背景下，"公园城市"理论于 2018 年应运而生，将公园的生态价值上升到现代化城市建设的生态动力的战略高度[2]，将生态、生产与生活看作环环相扣、和谐统一的有机整体。在全球生态可持续发展思潮下，公园城市理论提供了及时的系统性理论工具，突破城市公园的单点、孤立与量化思维，进一步深化公园系统规划在中国城市中的实践，为新时代破解城市发展难题、增强城市永续动力，提供了强有力的指引。

1 成实，成玉宁 . 从园林城市到公园城市设计——城市生态与形态辨证 [J]. 中国园林，2018, 34(12): 41-45.
2 徐凌云，王云才 . 从景观都市主义到生态都市主义 [J]. 中国城市林业，2015,13(6): 23-26, 31.

1.3 公园城市的先锋探索

　　具体而言,公园城市理论认为,公园并不只是修补自然的工具,而是驱动和形塑开放性城市空间的媒介,这从根本上扭转了城市建设的逻辑,为营造城市与自然的共生关系提供了崭新的理论视角。公园城市的建设将不再局限于城市绿化,而是以区域生态系统作为城乡发展建设的基础性、前置性配置要素 [1],系统地渗透到城市空间当中,提升城市人居环境的承载力、生产效率、生活品质、包容度与亲和力,突出生态系统在经济、生活、社会和品牌等维度上的价值。

　　在 2019 年荣膺美国景观协会分析规划杰出奖的市区公园和公共领域计划(Framework Plan: The Downtown Parks and Public Realm Plan)显示了公园作为城市触媒的巨大潜力,是彰显公园城市理念的国际先锋实践典范(图 1-10)。凭借系统化的城市空间提升方案,这一计划为多伦多的未来发展提供了一幅富有远见的蓝图,即便面对复杂的既有城市结构,该计划为在其中建立互联整体的公园及公共领域网络提供了明确的方向和框架,以支持日益增加的市区人口需求,从而满足人们对于优良的生活质量以及经济、文化、社会共同发展的向往。

图 1-10　多伦多市区公园和公共领域计划总平面
©PUBLIC WORK OFFICE for Urban Design & Landscape Architecture

1　李金路 . 新时代背景下"公园城市"探讨 [J]. 中国园林 , 2018, 34(10): 26-29.

| 都市圈 | 美丽街道 | 海岸线 | 公园区域 | 当地地方 |

图 1-11 多伦多市区公园和公共领域计划的五种空间类型
©PUBLIC WORK OFFICE for Urban Design & Landscape Architecture

该计划化繁为简，从地区、街区和本地三种规模落实城市环境的转型与变革，将持续长达 25 年的时间，它创造性地以五种空间类型（图 1-11）作为城市设计的切入点，并强调它们与现有城市肌理以及与其他元素之间的联系：

核心圈

重新规划市区周边成规模的自然环境，如山谷、悬崖和岛屿等，使这些散落的自然成为相互连接的大型生态体系，并提供步行及骑行的慢行交通，使得市民能够充分体验自然。

宏伟街道

提升市区具有代表性的街道特征，使其成为市区的象征以及人们活动的公共场所；与此同时，也发挥交通的连接作用。

海岸线缝合

重新塑造滨水区，使其与城市紧密相连。

公园区

重新规划市区内部公园以及周边区域，增加公园景观的触手，使其与社区生活紧密相连，更好地为人们服务。

本地场所

重新设计当地已有的公共空间，以便更好地支持社区生活。

无独有偶，位于纽约曼哈顿的 BIG U 景观规划项目也提出了与公园城市理念相近的设计框架，不仅仅将公园作为独立的城市绿化，而是视其为城市的一个完整的系统，通过景观的设计和构建，以生态为先，平衡不同需求，解决复杂问题（图 1-12）。BIG U 计划的提出旨在应对飓风等气候灾害对纽约的冲击，与此同时也通过制定公众参与框架，赋予社区居民更多发言权，打造可以协调当地社会经济发展的绿色基础设施。这些具有防护性的堤岸空间，不但缓解了气候灾害的潜在危害，还丰富了滨水地带的生物多样性，为各种生物创造了良好的栖息地，更加强了社区之间的联系，增加了人们的活动空间。

图 1-12　纽约曼哈顿 BIG U 景观规划 ©BIG

1.4 总 结

在中国语境下，全域性的公园城市体系建设，将整合国内已有的不同生态规划工具，有助于对"山水林田湖草"各大要素进行全体系的统筹、规划、控制与提升，尤为适用于中国的城镇化实践（图1-13）。

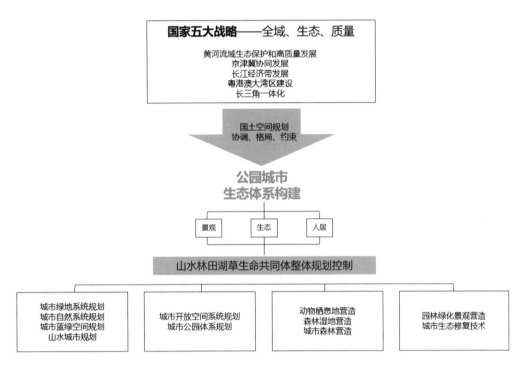

图 1-13 由城市公园到公园城市的战略"升维"（由编者绘制）

公园城市理论所涉及的内容涵盖了城市综合运营的方方面面，包括生态本底与城乡格局、城市形态、引领功能产业、资源利用、绿色低碳支撑体系、文化保护传承和品牌塑造等，已远超于原本城市公园建设的绿化及环境美化范畴。这对于笛东所身处的中国景观规划与设计行业而言，提供了一次重新思考其角色和定位的宝贵契机。

景观的升维革新

重新定义高品质景观，积极思考公园城市核心问题

突破景观实践局限，实现行业升维革新

笛东的公园城市视角

以景观为平台、公园为触媒，通过生态技术、形态设计与艺术表达，畅想未来都市生活场景

图 2-1　河北廊坊三叶公园 © 笛东

景观的升维革新

在当代中国,从"城市中建公园"到"公园中建城市",是城市发展模式由量变到质变、生态视角由要素到系统的革命性战略升维。践行公园城市理论,意味着在每个细节中体现对自然基底的尊重,以生态为先指导空间的有序发展,在各功能区间建立有机联系,在生态考量的基础上平衡开发与保护、增量与存量之间的不同需求,打造有活力、归属感和竞争力的 21 世纪都市生活空间(图2-1 ~ 图 2-3)。

为了实现这一愿景,景观行业从业者需要思考如何能够结合理论与实践,协调技术与美学,贯彻与落实政策,通过形成自身独特的哲学、体系化的理论和方法论,不断丰富与深化公园城市理论内涵。

景观既是联系自然和城市生态系统的空间载体,同时也记述着人与环境的互动。它潜移默化地影响着人们的生活方式、思维方式和价值观,近年间跃升为城市竞争力的重要构成要素。在历史发展过程中,景观曾服务于小群体的封闭社区,亦曾处于城市建设的边缘,沦为美化城市之面纱,或仅凭前卫的姿态与传统相抗衡。如今,景观行业于多种价值和诉求间思辨与践行,小至景观小品,大至流域治理和城市规划,高品质景观能够赋予不同尺度的空间以生态韧性(Ecological Resilience)、生活品质、经济活力、美学意象和文化印记的多维价值,这与公园城市的愿景不谋而合。中国园林景观行业,需在原本高速运行的轨道上,与公园城市一同升维革新,充分发挥高品质景观于改善"三生"(即生产、生态和生活)的重要作用。

本章将通过总结笛东逾十载的实践经验,提炼出实现公园城市多维价值的具体需求、所面临的挑战,以及应对思路和设计哲学,提出笛东独有的公园城市视角。

图 2-2：河北廊坊三叶公园 ©筑东

图 2-3 河北廊坊三叶公园 © 苗东

2.1 重新定义高品质景观，积极思考公园城市核心问题

在公园城市理论的指导下，我们需要重新定义何为高品质景观。公园建设将不再局限于以景观与绿化的单一观赏性，提升城市局部土地的价值，而是从生态系统的高度，识别和挖掘不同类型的城市空间的发展潜力[1、2]。

市域生态区域
考量城市及其周边区域的整体绿色空间结构，包括对城市生态有重要影响的山体、湖泊、森林等面状空间，林荫道路、滨水绿地、绿道绿廊等线状空间，以及大型城市公园和广场等点状空间。

城市开发与增长边界
涵盖城市扩张、内填式开发、城市更新等范畴，强调边界内紧凑型开发的有机协调模式，保护在地的自然、农业和历史资源。

城市建成区
涉及城市中心城区或者建成片区范围内功能相对明确、环境相对完整的绿色空间，例如公园绿地、公共广场和道路附属绿地，需从人的需求角度出发，探讨空间适宜的尺度、规模、功能分区、基础设施完备度等具体构成要素。

面对以上不同的建设需求，由生态引领的公园城市系统性思维，将拓展景观原有的单一观赏价值。公园城市语境下的高品质景观，需要重点营造公园与城市之间的多维共生关系。

例如，在公园城市概念的首提地成都，其绿道建设历经三次认知上的"飞跃"[3]：由最开始着眼于环城生态带建设，继而发展至将绿道"景区化"、展示天府文化，到如今成为创造生活消费场景、发展"绿道经济"的触媒——自然与城市，于此得以进行真正意义上的全方位衔接与渗透（图2-4、图2-5）。

---

1 李雄.公园城市建设——中国城市绿色发展的新机遇 [EB/OL]."美好生活与公园城市"网上学术论坛嘉宾演讲内容概要.中国园林杂志,[2020-04-29].

2 许士翔,师卫华,李程.公园城市语境下的城市绿色空间概念分析及功能识别 [J].建设科技,2020(7): 72-75.

3 刘璐.疫情后的公园城市——"公园城市"系列研究之二 [EB/OL].新浪网,[2020-04-20].

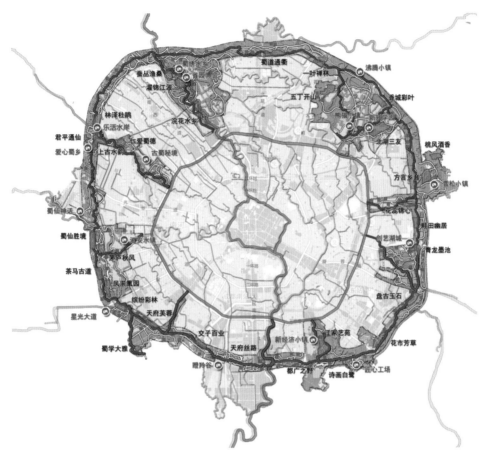

成都正积极建设锦城绿道体系，依托生态价值发展"绿道经济"

图 2-4（上） 锦城绿道规划总图 © 成都天府绿道建设投资集团有限公司

图 2-5（下） 公园城市中的绿道公园江家艺苑 © 成都天府绿道建设投资集团有限公司

从景观规划与设计的角度来看，公园城市建设极为复杂，具备多角度、多层次、多价值等特征。因此，促进自然与人文生态系统在不同空间尺度上的有机融合，并无统一模式或万能答案，需以高度灵活的方式介入。在实践中，笛东积极思考以下问题，提炼基本原则并丰富其设计方法论[1]：

- 在空间布局方式层面，如何从"社区中建公园"转化为"公园中建社区"，将公园城市的理念落实在不同尺度的社区空间环境的建设当中？

- 在空间规划策略层面，如何由"产、城、人"转化为"人、城、产"，重点突出对人的需求特征的关注？

- 在空间营造手法层面，如何从"建造物质空间"转化为"营造公园城市场景"，提炼公园城市的美学、人文与精神特质？

---

1 周逸影，杨潇，李果，薛爽，谈静泊.基于公园城市理念的公园社区规划方法探索——以成都交子公园社区规划为例 [J]. 城乡规划，2019(1): 79-85.

2.2 突破景观实践局限，实现行业升维革新

　　这些问题，为景观规划和设计行业带来机遇的同时，也提出了众多挑战。在当代景观学科的发展中，将景观真正融入城市发展架构的，是美国知名先锋景观设计师、负责设计纽约高线公园的詹姆斯·科纳（James Corner）。他曾言："如果说'第一自然'所指的是荒野景观，'第二自然'指农业和文化景观，那么亨特[1]所谓的'第三自然'，则具体指代那些凝聚理念与经验、经过精心设计的景观，形成对第一与第二自然的洞察与反思。"[2]（图2-6、图2-7）在人类栖居的生态和建成环境中，这三种"自然"通过景观联结在一起，互不抵触、相互支持。

　　科纳的观点，同时概括了景观之于公园城市建设作为基础设施的连接作用，从而应对如今开放城市体系的各种复杂性和发展性。景观规划与设计手段的角色，已然超越生态意义上的修复工具，需在科学与理性之上，增添对当代社会、文化与艺术实践的深入理解。这与笛东一直强调的"艺术当代"景观设计理念高度契合：在严格把控生态保护红线、环境容量底线和城市资源使用上限的同时，笛东致力融汇形式、功能、感觉和意图，以创新的景观解决方案和契合当代审美的诗意想象，促进经济、社会与环境系统的良性运行和绿色发展。

于2009年落成的纽约高线公园，是一次于城市建成环境中的"第三自然"试验
图2-6（左）　废弃高架铁路上的改建 ©Timothy Schenck, High Line Photos
图2-7（右）　建成后的公共绿色开放空间 ©Timothy Schenck, High Line Photos

　　由此可见，打造公园城市不仅需要景观规划与设计实践重建与自然和生态的联系，还需要多维思考、融会贯通。在城市化的历史进程中，物质空间规划一度为建筑语言和建筑传统所主导，忽视自然的动态与过程性。不过，曾经将城市与自然相对立的规划设计思想，正在逐步瓦解。然而，在国内的景观设计实践中过度依赖生态控制手段的现象仍十分普遍，对自然环境进行补偿或修复，过度强调对自然的隔离和保护，却忽视了科纳所指出的景观在不同维度上的联系作用。如若不能从根

1　英国园林理论专家约翰·迪克逊·亨特（John Dixon Hunt），曾著有 *Greater Perfections: The Practice of Garden Theory* (2000) 一书。
2　Corner J.The Landscape Imagination: Collected Essays of James Corner 1990-2010[M].Princeton Architectural Press, 2014.

本上实现与自然的平衡共融，即便能通过"小修小补"在一定程度上降低对环境的负面影响，仍难以撼动造成城市生态危机的根源。

公园城市理论强调社会发展、公共政策、经济规划与物质空间规划之间互相影响与渗透，因此，跨学科的规划与设计模式，将是景观实践革新的突破口。

国际景观界对于公园和城市关系的跨学科探索，最早于世纪之交的多伦多当斯维尔公园（Downsview Park）设计竞赛中得以彰显。竞赛吸引了多个国际知名团队构思如何对废弃的空军基地进行恢复和重建，打造"代表21世纪一流景观设计和城市休闲规划水平"的公园。最终获胜的"树城"方案，由雷姆·库哈斯（Rem Koolhaas）团队和布鲁斯·莫（Bruce Mau）团队联袂打造，方案突出公园作为一种流动的"发生器"在城市中的融合度和生长性，在设计中融合生态、经济、社会和人口等变量的综合考量，是景观、建筑、城市设计领域的跨学科合作成果[1]（图2-8）。

如此前沿探索，现正通过公园城市在中国的景观实践得以扎根、延续与深化。景观规划与设计行业，需直面和不断审视现有实践中的局限性，突破自身壁垒，实现与不同学科之间的研究与合作，在丰富公园城市理论的过程中，完成行业向可持续发展方向升维革新的时代使命。

1　张健健．从废弃军事基地到城市公园——多伦多当斯维尔公园设计及其启示 [J]. 规划师，2006(3): 94-96.

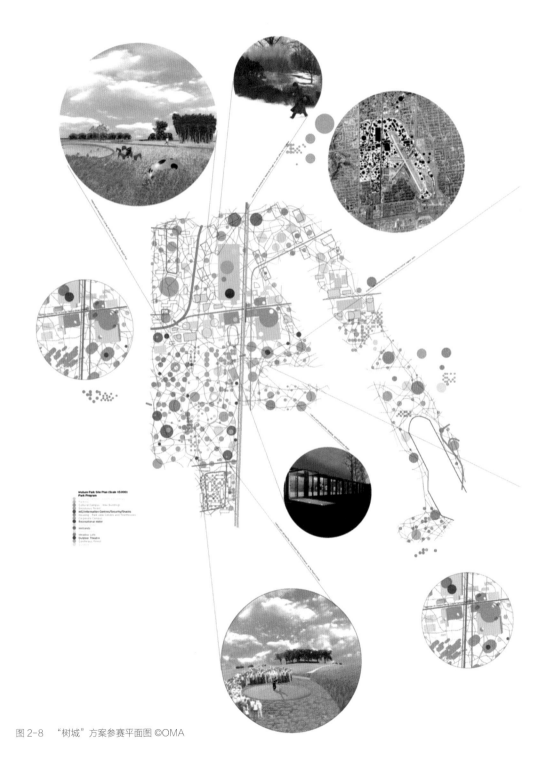

图 2-8 "树城"方案参赛平面图 ©OMA

2.3 笛东的公园城市视角

　　好的公园城市规划设计根植于在地性，在宏观层面实现整体协同，同时结合环境与文化的地方性，通过场所营造彰显多元化的个性特征。实现公园即城市、城市皆公园的愿景，不仅需要以生态组成公园城市的系统性底线架构，还应打造社会交往、城市活力、地方认同的文化触媒。地域文化要素可以作为激活点，塑造场所身份、保留城乡记忆、突破视觉壁垒、实现多维体验，带动整体环境的跃升，让自然文化遗产世代传承。

案例1：思考多维的"公园城市"景观价值
以公园为核心的当代中国都会——合肥中央公园景观规划及设计方案

　　城市公园与公园城市的根本区别，可总结为要素与系统的不同、由单一价值到多维价值的转化与革新。第1章所提及的纽约中央公园，长久以来是城市公园的典范，至今仍承载着重要的公共空间职能。不过，设计者希望于城市中复制乡村风光的理念、忽视公园与城市生态系统的有机联系等问题，体现出其时代局限性，若要应用于当前日益复杂的中央公园规划设计，则明显力不从心。因此，合肥中央公园等大型公共空间，是应用公园城市理论的重要空间场景之一。

　　为了回应新时代人居环境需求、塑造城市竞争优势，城市中的大型公共空间不仅需要为人们提供活动休憩场所，还与城市生态系统的健康和城市地标的打造息息相关，甚至成为传承城市古老文化记忆的空间载体——公园城市的理论，提供了一种可能的实践模式，在大型公共空间的规划设计中对美学、生态、人文、经济、生活等要素进行有机融合，以公园媒介塑造并转化城市的有序机制[1]。笛东在合肥中央公园的规划及景观设计中所提出的设计策略，正是践行公园城市理念的一次探索（图2-9～图2-11）。

1　Waldheim C.The Landscape Urbanism Reader[M]. New York: Princeton Architectural Press,2006.

以中央公园为触媒，畅想生态文明新时代的美好国际都会

图 2-9（上） 合肥中央公园效果图
图 2-10（下） 原骆岗机场用地航拍图

合肥中央公园总面积共 15.3 平方千米，其中景观设计面积约为 7.83 平方千米，逾纽约中央公园（3.33 平方千米）的两倍，原为骆岗机场用地，自 20 世纪 70 年代起便承载了珍贵的城市记忆。随着城市的发展和扩张，机场于 2013 年停用，最新规划将该场地定位为未来高质量、现代化的生态公园和中央 CBD。

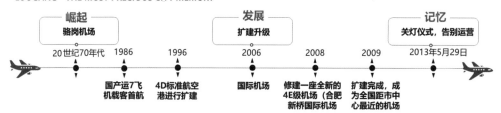

图 2-11　承载五十载城市记忆的骆岗机场

基地有着显著的区位优势，区域联系紧密，是连接合肥老城、滨湖新区的重要节点，处于滨湖新区科学城综合服务核，交通网络覆盖率高，紧邻市政府，处于十五里河生态廊道的中心地块，是未来合肥南北轴线、东西轴线交会的战略节点（图 2-12）。然而，基地同时面临着城市功能与活力不足、斑块碎化严重、生态功能缺失、交通组织缺乏有效联系和缺乏主题特色营造等问题，使其无法满足城市中央公园的基本功能要求。

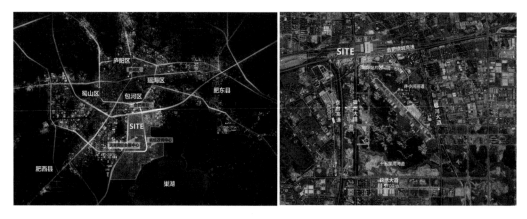

图 2-12　基地与城市的联系紧密

因此，这项中央公园规划与设计任务不仅针对公园所在的生态环境进行修复，更重要的是调动联系的观点，将公园放置于城市的整体框架之中，考量生态、社会、文化等层面的动态复杂性，梳理并提升城市完整的自然、生态与人文肌理，打造超尺度复合型城市中央公园（图 2-13）。

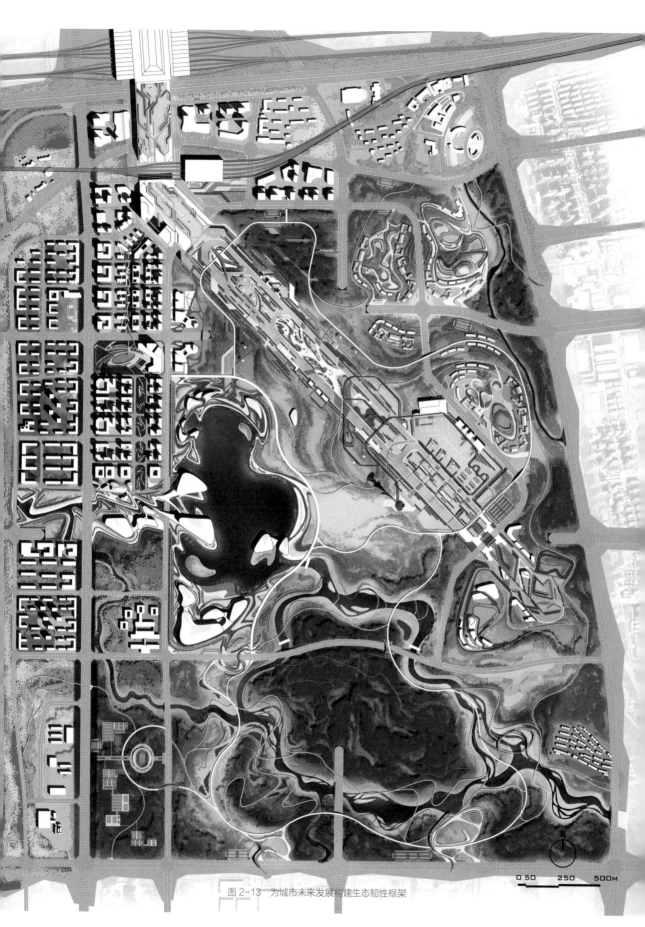

图 2-13 为城市未来发展构建生态韧性框架

0 50   250   500M

设计方案提出了基于自然和生态的综合解决方案，通过城市生境延展，使中央公园成为区域发展连接的纽带，以大型公园绿地带动城市新区的发展，引领合肥升级。

蓝绿为底，自然为灵

方案以生态景观改造为核心触媒点，建议重构场地的自然基底、整合斑块，打造蓝绿交织廊道，同时融入海绵城市设计，让城市回归自然（图 2-14）。

都会生活，以人为本

在统一梳理生态格局的基础上，方案构想了"城园互渗"的空间形态，打造"一核"（生态核）、"两轴"（城市活力轴与城市形象轴）、"三廊"（时空廊、生态廊、休闲廊）和多个功能片区，根据地块属性，打造不同功能的场地，满足人群不同活动的需求（图 2-15）。

图 2-14 打造海绵景观斑块，让城市回归自然

图 2-15 "城园互渗"的空间形态和效果图

文化为魂，特色地标

　　设计师们对场地文脉进行梳理，认为旧骆岗机场是最具特色的景观资源，并建议在公园中保留机场跑道混凝土铺面，凭借崭新的面貌和功能延续城市印记。该处的美学设计效仿机场跑道的动态特质，打造多尺度、多样化的线形空间，以科技运动为主题设置运动娱乐、休憩售卖、科技展示等项目，引入丰富多彩的特色运动和公共活动，创造多样的场所体验，打造活力十足的城市文化客厅，由此激发创新发展的无限潜力（图2-16、图2-17）。

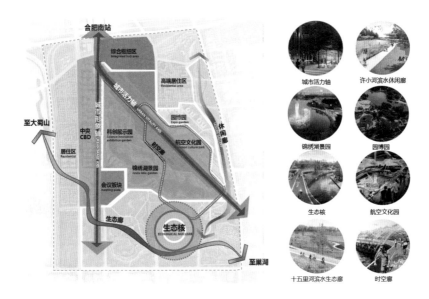

图2-16　主题化分区设计塑造基地活力特色

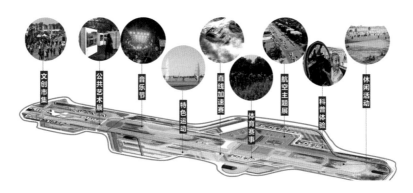

图2-17　以机场跑道为载体，以丰富多彩的特色运动、公共活动为内涵的城市形象轴

活力"绿芯"，升级引领

方案以建设全方位、多角度的智慧城市为目标，建议在场地中引入智能照明系统、智慧室外家具和无线充电等技术，打造身临其境、与用户实时交互的沉浸式文化体验，展示城市智慧形象，同时服务于中央 CBD 区和科创产业的智慧办公，将感知化、物联化、智能化的城市管理与服务平台融入中央公园的建设中（图 2-18）。

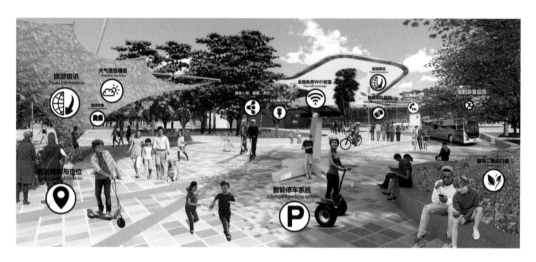

图 2-18 营造智慧城市生产生活场景

借助生态和景观干预，设计方案成功提升了原有场地的经济、产业、人文和生活价值，打造共享化、生态化、特色化、有活力的综合型城市中心公园。在公园城市理论的指导下，该方案通过规划与设计对合肥中央公园进行重新构建，使其发挥绿色生态公共空间与绿色基础设施的重要作用，突出生态、科技、人文优势，打造现代服务核心、构建创新发展引擎、塑造城市宜居典范，实现对外城市门户形象展示、对内中央活力区等功能，打造一个连接过去与未来，以生境提升引领城市升级，在公园中畅想生态文明新时代的美好都会（图 2-19 ~ 图 2-21）。

图 2-19 合肥中央公园景观规划及设计方案

图 2-20 中央生态公园——综合型超级城市触媒

图2-21 中央生态公园——综合型超级城市触媒

案例 2：探索山水营城的"公园城市"理念
与古为新的当代中国古城——丽水城市设计方案

　　丽水位于浙江省东南，是一座历史悠久的中国传统山水古城，"府城内外，群山相拥，诸水相连，山拱水环，气象非凡"[1]，如今是"两山理念"的重要萌发地与先行实践地（图 2-22）。2020 年，丽水市政府举办了"新时代山水城市 · 丽水山居图城市设计国际竞赛"，为整体范围 152 平方千米的区域征求城市设计方案，探索生态文明时代山水城市的不同空间模式。

图 2-22　浙江丽水——绿色发展的探路者 © 金献光，丽水网

　　有关"山水城市"的论述，早于 1993 年由钱学森先生提出："把中国的山水诗词、中国古典园林建筑和中国的山水画融合在一起，创立山水城市的概念"[2]，其蕴含的城市内涵，在美学意象层面与公园城市相近，代表古人理想的场所、生活与哲学，但未及公园城市视角与理论之体系化。借鉴公园城市理论，将有助于传统山水古城在新时代生态文明建设要求下焕发生机，以山水格局和人本原则为主视角，吸引人才、技术、资金回归魅力古都。

　　在此契机下，笛东与 DE-SO 亚洲设计顾问股份公司进行设计合作，其作品方案最终入围竞赛十强（图 2-23）。丽水是一个沿河组团化布局的城市，面对目前丽水周边的自然景观与城市发展之间亟须弥合的割裂状态，设计方案的构思从深入了解基地的在地性出发。

1　引自清光绪《处州府志》。
2　引自《钱学森论山水城市》。

图 2-23　丽水山居图

- 在地脉[1]层面，丽水市内建设密度高、水文网络脆弱、缺乏自然景致，因过度开发，与城市周边山脉缺乏积极联系；卫星城中自然空间呈碎片化分布，乡村地方特色自然景观未得到充足保护。

- 在文脉[2]层面，旨在打造宜居城市和旅游目的地的丽水，缺乏市内公共空间和特色空间营造策略，需要超越山水城市之形式，发掘、延续并传承地域文化特色与价值。

为推动丽水在结构、形态、功能和价值上达至公园城市理念的多维融合，设计方案以"涟漪与边界，地形与几何"为灵感，整体的区域概念规划为分散型山水城市模式，让自然生态与城市相互渗透、有机交融，并对细分板块进行精准赋能与特色定位，打造多功能组团，促进城乡元素之间的流动，充分激发绿水青山的潜力。

1　"地脉"指某个特定地域的自然环境、地貌特征和地质资源。
2　"文脉"指某个特定地域在悠久的历史发展进程中形成的、有别于其他地域的社会人文背景及文化积淀。

构建丽水的生态本底

设计方案的一大亮点，在于通过梳理水系、打造绿楔，将自然重新引入城市，让人们在丽水城区中看得见山、望得见水，提升城市环境的同时，达到自然与人工建设的理想融合状态。例如，"四都清韵"板块坐拥远山近水，自然基底优良。方案建议片区保留农田村落现状，新建若干生态性"都市群岛"，延伸由山体引出的绿楔走廊，限定群岛边界。在各空间组团内，保有新建邻里、现有村落、高端山地别墅、多功能服务等模块化特色城市肌理，通过中轴道路将各组团串联起来，升级现状堤岸绿道（图2-24）。

营造复合功能的人居环境

设计方案希望通过多样化的空间密度和功能，营造极具旅游、就业和宜居吸引力的独特城市。例如，"碧湖耕读"板块上的乡居毗邻河漫滩，方案围绕在地自然资源展开建设，最大限度地保留保定村和农田景观，并以通济渠为主轴，结合滨水步道建设游览环线和开放公共空间。同时，此片区将重点打造培训中心、村庄门户、旅游发展区，完善由田间到书桌的一体化产业链，全面改善村民生产生活环境品质。

在结构和形态上展现山水融合之意象

图2-24 坐拥远山近水的"四都清韵"板块及其规划设计效果图

激发地域文化与经济活力

设计方案为打造丽水旅游特色提供了全新的思路，例如在"古堰画乡"板块，在保留原生生态和自然景观的基础上，方案规划了一条慢行游览线路，所有的建筑将融于山坡林地之间，面朝山谷，成为山水画框（图2-25、图2-26）。同时，片区将发展以主题博物馆、剧院、住宿、艺术训练基地、主题社区为主的特色生态创意旅游业态，吸引世界各地的画家来此创作，自然与艺术融为一体。

设计方案强调对自然基底的尊重和开放灵活的规划原则，融合山水定势、山水立形、山水补巧、山水兴文等传统山水营城智慧，为当代丽水打造新的山水系统，为建设公园城市的实践提供独特的中国传统文化与地域视角（图2-27~图2-30）。

山水画框中的创意油画古镇
图2-25 传承历史、留住乡愁的原乡胜境

图 2-26（上） "古堰画乡"板块的山水全貌及其规划设计效果图
图 2-27（下） 山水城市理念的当代演绎

图 2-28 与古为新的当代中国古城：丽水城市设计方案

图 2-29　与古为新的当代中国古城：丽水城市设计方案

图 2-30 与古为新的当代中国古城：丽水城市设计方案

案例 3：平衡复杂设计任务中的不同需求
南湖赊月公园项目

在 2018 年立项的南湖赊月公园项目，位于湖南岳阳中心城区南部、南湖北岸的天灯咀半岛，以一种独创的方式很好地诠释了在公园城市的理论框架指导下，笛东如何平衡复杂设计任务中的不同需求。

岳阳是一座江湖交汇、拥有 2500 余年历史的文化名城。而南湖是洞庭湖的一个内湖，是岳阳市离城市最近的自然生态体系。本次设计的场地位于岳阳城市发展轴心与南湖风景区的交会点，是城市与景区之间的过渡地带，场地内原先存在多种性质的建筑与景观，它们相互交错，形成了复杂的城市空间（图 2-31）。如何将湖景、绿色基底与城市生活较好地进行融合，对于设计者来说是一次不小的挑战。

图 2-31　赊月公园区位

在对场地进行详细考察之后，设计师们发现地块内有良好的生态基础，水系丰沛，大树成荫，但存在垃圾堆积及水质差等问题，场地内也有着原先保留的红瓦、荷花池等承载文化和情感记忆的景观（图2-32）。在设计过程中，设计师决定充分尊重生态环境，以保护和恢复为策略，遇山不挖，遇水不填，保留现状湖岸自然地貌约12万平方米的原址水域面积；同时保留并突出有时间及文化痕迹的景观，从而实现景区和住区的平衡发展，新旧场所的有机融合，宜居宜业的永续发展，营造文化造园的城市记忆。

图2-32　场地分析

该设计方案以"公园中的城市，城市中的公园"（Park-in, in Park）为概念，将城市延展入公园，使得公园嵌入了岳阳整体的绿色生态系统与慢行交通体系，形成了洞庭湖景区、南湖景区与城市区域的绿色联动发展（图2-33）。与此同时，将公园山水空间引入城市，在住区中实现良好的生态环境，实现绿地的层层嵌套，以及与周边环境建立联系和有机的对话。

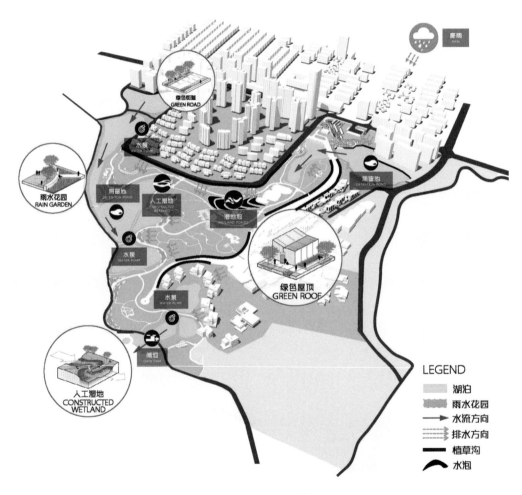

图 2-33　公园中的城市，城市中的公园

另外，这样的设计也满足了周边居民的活动要求，连接了分散的功能空间，完善景区、生活区内所需配套，使其成为承载市民生活的公共空间、承载岳阳城市记忆的生态景区。整个南湖赊月公园分成四大功能区，即田园湿地区、运动健身区、休闲漫步区、入口展示区；同时又根据需求划分景观体系，按年龄段和活动类别形成多个功能主题，融合市民广场、田园采摘园、月相广场、月语天文台等特色景点，形成全年龄、多主题、分阶段的参与性景观体系（图2-34）。

设计者很好地平衡了来自居民、政府、开发商等不同方面的诉求，在保留原有植被的基础上形成生态基底，结合水系形成蓝绿交织的骨架，根据人们的使用需求植入多维复合功能，同时挖掘演绎空间中的文化内涵，使公园、商业区、生态住区三大功能片区自然交织，有机生长。曾经生态环境恶劣、毗邻垃圾场的场地，如今生机盎然、游人如织，形成水绿城交融的美好场景，这是对"公园城市"精神的贴切诠释（图2-35～图2-41）。

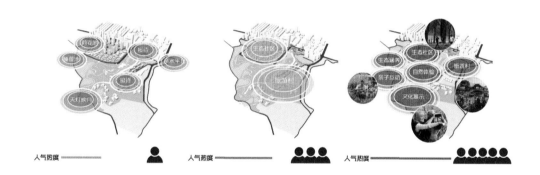

图2-34　全年龄、多主题、分阶段的参与性景观体系

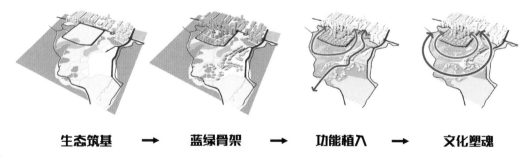

生态筑基　➡　蓝绿骨架　➡　功能植入　➡　文化塑魂

图2-35　设计生成过程

图 2-36　南湖赊月公园项目鸟瞰

市民广场

星月广场

月嗥山岗

月彩漫步

一品湘宴

山涧运动场

诗意田园

月语天文台

月相广场

田园湿地

邀月塔

彩虹桥

滨水花园

湖楚人家

荷塘月色

清露晨曦

渔乡归航

天灯映月

N

0 50 100   200   300m

南   湖

图 2-37 南湖赊月公园项目平面图

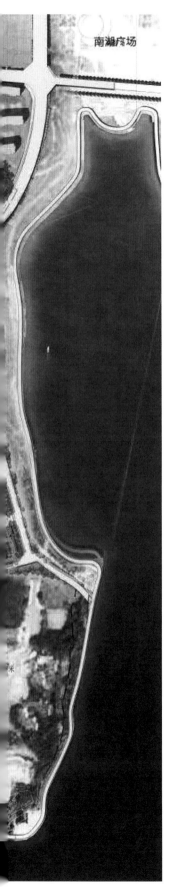

南湖广场

图 2-39　南湖赊月公园项目实景

图 2-40　南湖赊月公园项目实景

图 2-41　南湖赊月公园项目实景

2.4 总　结

通过合肥中央公园、丽水以及南湖赊月公园三个案例，上文探讨了笛东如何通过城市与景观设计的策略，在不同的语境下思考、探索和践行"公园城市"的理念内核，同时也展示了公园城市理念如何能够将绿色发展方式和富有生机与活力的城市生活紧密结合在一起。

公园城市建设应当遵循场地的在地性，将生态视为基础性要素，以绿色基础设施的视角打造连绵、有序的空间网络体系和生态本底，实现自然与城市在结构和形态上的融合；其次，以人为本的全方位考量是公园城市建设的根本出发点，设计应通过促进不同人群与空间的体验与互动，实现功能层面的融合；最后，经济与文化的双"驱动"可充分激发空间潜力，构建嵌入公园城市系统的空间触媒，从多方面提升城市空间的价值，实现价值层面的融合（图 2-42）。

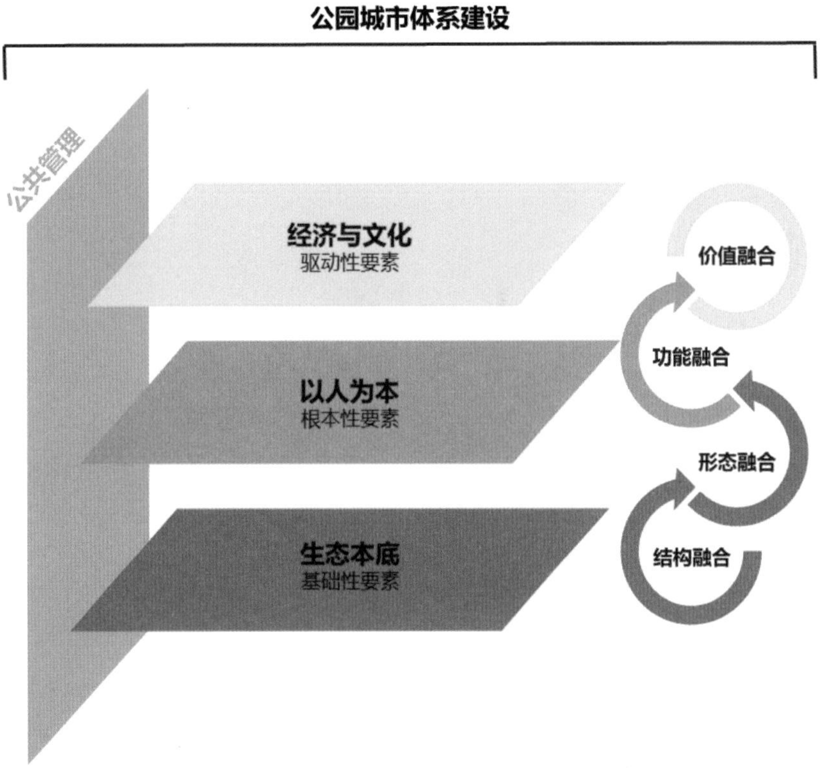

图 2-42　笛东提出的公园城市建设应对思路（由编者绘制）

空间布局网络化，引发生态驱动力

空间布局网络化，
引发生态驱动力

"人类世"的到来和影响

21 世纪是一个极具挑战的时代。自 1970 年以来，全球人口数量增加了 1 倍，经济体量增长达 4 倍，国际贸易增长达 10 倍，城市的面积也相应扩张，相比 1992 年增加了 1 倍。预计到 2050 年，人类人口总数将突破 100 亿，而其中的 70% 将生活在城市中。人口的增加、经济的增长、城市化、科技的进步在推动人类社会迈向新纪元的同时，也为未来埋下了巨大的环境隐患。

如今，全球绝大多数生态系统都在不同程度上受到人类活动的影响 [1]。人为因素（如气候变化、土地利用变化、物种引进等）正深刻影响着传统生态系统（Historical Ecosystem）的过程和模式，导致地球生物系统的强烈重组。最终，前所未有的物种组合出现了，形成了"人类世生态系统或新型生态系统"（Novel Ecosystems）[2]（图 3-1）。

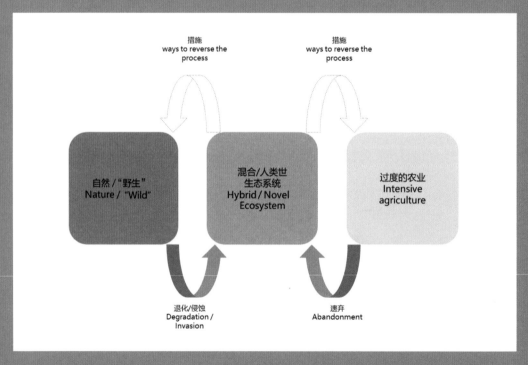

图 3-1　人类世生态系统的形成（由编者绘制）

1　Vitousek M P. Introduced Species: A Significant Component of Human-caused Global Change [J]. New Zealand Journal of Ecology, 1997.
2　Hobbs R J, Higgs E, J A Harris. Novel Ecosystems: Implications for Conservation and Restoration [J]. Trends in Ecology & Evolution, 2009, 24(11): 599-605.

人类世的到来，伴随着极端气候、全球变暖、荒漠化、水源短缺、水污染、生物栖息地碎片化等问题的频繁出现，不但导致生物多样性锐减，也危及人类自身的栖居和健康（图 3-2）。传统意义上的生态修复观念，亦难以适应基于人类世的城市生态系统（Novel Urban Ecosystems）。在此背景下，如何制定出最适宜的策略方案，保护生物多样性、修复生态系统服务[1]或生态功能，从而在满足人类宜居需求的同时平衡社会与经济发展等相关问题，则显得尤为必要与紧迫。

图 3-2　海滩污染，圭亚那 ©Nils Ally, Wikimedia Commons

高质量城市化转型的关键期

　　反观我国国内，随着城市建设进程的快速推进，城乡建设用地迅速增加，使得城市空间发展的诉求越发强烈，侵占生态空间的现象普遍严重，城市生态环境不断退化，并且波及城市之外的区域。城市中的水、空气、土壤等环境污染问题，不但影响了区域物种的多样性，还危及了人的身体健康。

1　生态系统服务 [ecosystem services] 是指人类从生态系统获得的所有惠益，包括供给服务（如提供食物和水）、调节服务（如控制洪水和疾病）、文化服务（如精神、娱乐和文化收益）以及支持服务（如维持地球生命生存环境的养分循环）。人类生存与发展所需要的资源归根结底都来源于自然生态系统。

以 2016 年为例，北京市 PM2.5 年均浓度达到 73 微克 / 立方米，是世界卫生组织推荐标准的 72 倍，仅 2016 年当年就造成了约为 679.25 亿元的居民健康效应总经济损失（图 3-3）[1]。

中国城乡环境正面临着严峻的问题。然而，我国现存绿色基础设施的承受能力和服务范围则显然无法应对这样的考验。目前，我国城市中的绿地空间存在被建设用地侵蚀的情况，在空间上呈现出一座座"绿色孤岛"，从生态角度来看，无法形成区域性的物种流动与能量循环，造成全要素（total factor）[2] 资源的耗散。这样一来，绿地不但无法满足其在城市整体生态架构中所承担的职能，还往往不具备生态韧性，令环境变化造成的各种突发气候事件变得更加不可承受。例如，2020 年长江中下游地区、淮河流域、西南、华南及东南沿海等地因持续强降水引发严重洪灾，700 多条河流的水位超警戒水位，多省发生暴洪、城区内涝，摧毁了众多公共设施、桥梁与文物（图 3-4）。

公园城市的新思路

在全球进入人类世以及我国城市生态环境恶化的背景下，公园城市将成为弥合自然环境保护和社会发展之间矛盾的新思路。这一理论将生态格局作为城市空间优化的基础性配置要素，强调城、绿共荣，从全域角度出发，结合底线思维[3] 和网络思维，通过构建区域绿色格局、调配关键生态要素、促进人文与自然的耦合等规划设计过程，形成可持续的自适应系统。

公园城市的最主要特征是"生态筑基、绿色发展"，强调"构筑山水田湖草生命共同体的生态观"[4]，将生态作为一个统一的自然体系，从自然生态的整体性、系统性、内在规律出发，保护城市的生态空间和生态功能，从而实现各种自然元素与城市的相融与共存。这与笛东一向秉持的以生态为基础，发展"地脉"、"文脉"以及经济的理念不谋而合。

一方面，笛东从理论出发，对公园城市的生态含义进行解读，考量不同项目在景观上的宏观关联性和异质性，打造生态基础。"生态筑基"的过程借鉴了景观生态学中的"斑块 - 廊道 - 基质"原理，进而实现对景观格局和空间过程（水平过程[5] 或流[6]）关系的规划，即首先识别主要生态保

---

1 陈素梅 . 北京市雾霾污染健康损失评估 : 历史变化与现状 [J]. 城市与环境研究 , 2018(2): 84-96.
2 全要素 [total factor] 指系统内的所有因素，包括生态、文化、产业等资源，是人居环境物质循环和经济发展的全部组成成分。
3 刘建伟 . 习近平生态文明建设思想中蕴含的四大思维 [J]. 求实 , 2015(4): 14-20.
4 吴岩，王忠杰，束晨阳，刘冬梅，郝钰，"公园城市"的理念内涵和实践路径研究 [J]. 中国园林 , 2018, 34(10): 30-33.
5 水平过程是指在星球尺度上，地表层面的物质交流和能量循环。
6 流是指物种迁徙、能量循环的过程，通过"源"和"跳板"之间的廊道进行流动。

图 3-3　北京空气污染 ©Kentaro IEMOTO, Wikimedia Commons

图 3-4　洪水中受灾的城市，中国铜陵，2020©Whisper of the heart, Wikimedia Commons

护空间对象，然后根据阻力面[1]，判别缓冲区、源[2]间连接、辐射道[3]和战略点[4]，最后构成景观格局（图3-5）。在此基础上，通过结合场地生态空间的现状特征和未来改造更新的可能性"，建立"保护－修复－补偿－拓展－交互"的生态空间规划梯度管控模式，并以水系和绿网脉络为枢纽，构建"源－汇－廊道－踏石"多级生境和画境链网，以及全域公园群体系，完善绿色发展的生态基底。

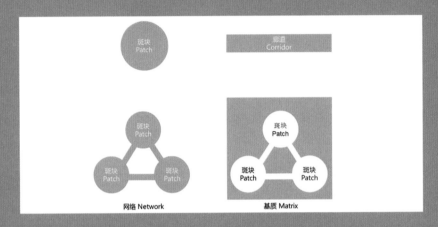

图3-5 斑块－廊道－基质模型（由编者绘制）

而在具体的景观设计及规划实践中，笛东从不同角度出发，针对上述公园城市的生态含义作进一步的诠释：

● 第一，从**绿色基础设施**的角度出发，选取重要核心源地并建立景观生境网络。这需要优先规划大型自然斑块（含水源涵养地）以维持关键物种生存，并提供足够数量的廊道，用于物种扩散和物质能量流动，然后根据最小成本路径模型生成景观核心源地间的廊道，联结所有源地，进而生成生态网络。例如，在合肥滨湖湿地森林公园的项目中，笛东首先对森林及湿地等生态核心区域进行界定，继而打造整个园区的不同节点和具体路径。

---

1 阻力面是指生物在不同源地斑块间运动需要克服的景观阻力，这个面是个不均值的。
2 源是指生态源地，也就是物种核心栖息地，需要严格保护，尽可能降低人为活动的区域。
3 辐射道是指在长时序演变过程中，从"源"向外流动的自然形成的一些物种迁徙、能量循环的廊道。
4 战略点就是指需要关键保护的"源"和"跳板"。

● 第二，从**物种**的角度出发，通过网络分析选取高适宜性源地并建立生态网络。这个过程需要首先选取承担多种生态作用的动物为目标物种，然后进行栖息地适宜性评价，根据目标物种扩散阻力，建立所有源地之间的联系，形成生态网络。例如，在合肥十五里河的项目中，笛东选取了主要鸟类和水禽的栖息地和生态"跳板"进行深入分析。

● 第三，从**未来发展**的角度出发，在生态基础上为未来发展留足空间，实现功能的分层叠合。以生态基底为本，在延续原有生态功能的基础上，植入社会功能、经济功能和文化功能；优化空间肌理，塑造空间形态，营造公园化、美丽、宜居的空间环境；发展轴线和流动廊道，打造高便捷性和高可达性的交通体系，串联各个功能区[1]。例如，在界首沙颍河项目中，笛东将河流及其两岸打造为城市的文化象征和公共生活的场所。

本章将通过上述三个案例，分别从不同尺度（场地、区域、城市大区域）和不同阶段（修复、拓展、交互），展开介绍笛东建设公园城市的生态手法。

---

1 夏捷.公园城市语境下长沙公园群规划策略与实践[J].规划师，2019，35(15)：38-45.

3.1 修复块状栖息地，打造局部生态多样性
——合肥滨湖湿地森林公园景观设计

公园城市所体现的核心价值之一，就是对"绿水青山"的生态价值的肯定，以打造优美的环境和生机盎然的生境为愿景。然而现实却是严峻的，随着我国城市产业结构的调整与环境管制措施的实施，城市在上一个发展阶段所遗留下的问题逐渐浮出水面，亟须关注位于城市内部及边缘区域、当地环境与生态受到破坏的用地，例如：城市内部的部分企业因被淘汰或搬迁，关闭了原有厂房，遗留许多废弃的旧工业场地。根据中华人民共和国环境保护部的不完全统计，2017 年我国面积大于 1 万平方米的污染场地超过 50 万块[1]；由于生活污水、耕种及肥料所导致的水体富营养化等一系列问题，给生产及生活带来困扰。如何修复、改造和充分利用这些受破坏的生态环境，从而转化并提升用地价值，成为建设公园城市的当务之急。

为了重新塑造上述遭破坏的生态环境，景观设计与城乡规划起着重要的作用。景观设计与城乡规划素有变废为宝、化腐朽为神奇的功能。关于生态恢复的研究，可以追溯到 20 世纪 30 年代美国威斯康星大学植物园的一个 24 公顷的废弃农场。当中，生态修复的范畴也由农场逐渐扩展至传统的森林、草地、水域等地区，再扩展到了矿区废弃地、垃圾填埋场等受人类干扰强烈的生态系统类型。例如，詹姆斯·科纳通过建立在自然进化和植物生命周期基础之上的长期策略，将纽约清泉垃圾填埋场（Fresh Kills Landfill）这个世界最大的垃圾填埋场改造成了市民公园（图 3-6、图 3-7）。

图 3-6（左） 改造前的清泉垃圾填埋场 ©David Pirmann, Flickr
图 3-7（右） 改造后的清泉垃圾填埋场成为风景优美的公园 ©Garrett Ziegler, Flickr

---

1 王慧，江海燕，肖荣波，等 . 城市棕地环境修复与再开发规划的国际经验 [J]. 规划师，2017(3): 19-24.

在实践中，景观或规划设计师通过引入新的组成部分，或者重新安排、改变现有的、消极的组成部分或生态位[1]（例如，通过操纵一组关键的生态位居住者），得以重新构建生态体系，打造人类社会与自然高度耦合的公园城市生态架构，从根本上改变生态系统的动态反馈过程[2]。例如，恢复河流驳岸，使其由人工返自然、由直变曲，来重新连接被打断的能量和物质流动，恢复河流的生态功能。

一直以来，笛东秉持"生态优先"的原则，尽可能运用"自然演替"的方式来恢复项目场地的环境、塑造景观。其中，合肥滨湖湿地森林公园就是一个重新构建生态体系的典型例子（图3-8）。合肥滨湖湿地森林公园位于合肥市近郊，巢湖西北侧，占地为556.7公顷，是整个巢湖生态体系组成的重要一环。作为合肥这座城市的母亲湖，巢湖在1000多年以前的水域面积可达2000平方千米。然而，从清代开始的大规模围湖造田，导致其水域面积逐年减少，直至20世纪五六十年代达至围湖造田和水域面积缩减的第二个高峰。截至2017年，巢湖在常态水位下的水域面积仅剩780平方千米。

图3-8　恢复生态后的合肥滨湖湿地森林公园

1　生态位是指一个种群在生态系统中，在时间与空间上所占据的位置及其与相关种群之间的功能关系与作用。
2　这些反馈包括文化、社会结构、流动性和技术等方面的相互作用，也包括气候、植物和动物生活、地形、水、土壤及其他环境成分的相互作用。

同时，巢湖面临的问题不仅仅是水域面积减少，还有对湿地的破坏和占用，以及污染和水体富营养化。流经合肥市区的南淝河和十五里河裹挟着人们生产生活所排放的污水，"贡献"了入湖的大量污染物。截至 2009 年设计开展前，巢湖的湿地和水生植被分布面积不足 40 年前覆盖水平的10%，浅水区湿地的逐渐消失导致生态恶化，巢湖水质超地表水 III 类标准，水质呈中度富营养状态，属五大淡水湖中最高，而其中，项目所在的巢湖西侧水质污染最为严重。如何从合肥滨湖湿地公园局部开始，对整体巢湖生境进行恢复，是笛东在这个项目中重点思考的问题。

笛东的团队首先利用地理遥感等数据收集和地理空间分析的方式，仔细地进行实地勘测，对场地进行了科学的评估，发现正是许多历史遗留问题使场地中的生态环境变得脆弱。这些问题主要包括：水质问题、水岸环境问题和生态链缺陷。

水质问题

1996 年至 2006 年十年间的数据表明，湖水中的高锰酸盐指数[1]、氮和磷的观测数据常年居高；巢湖整体水体退化，并呈现较为严重的富营养化问题，且其趋势未有较大改观；水体缺乏流动性，水质差（图 3-9）。

水岸环境问题

周边沿岸存在大量的硬质驳岸，使得陆地与湖泊之间关系割裂，一方面破坏了环境景观，另一方面减弱了生态韧性（图 3-10）。

---

1 高锰酸盐指数是常用于反映水体中的无机和有机氧化物污染状况的指标。

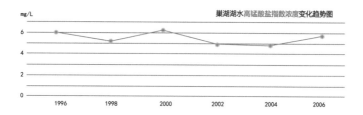

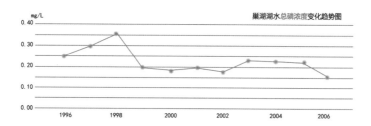

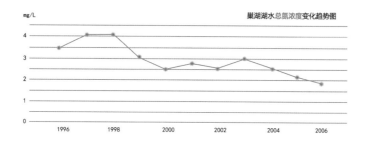

图 3-9　场地湖水 1996—2006 年十年间的水质数据分析

生态链缺陷

　　近十年间，巢湖地区利用芦苇湿地进行同一树种（意杨树）的大量种植，从而打造人工林。杨树林的生长使得场地的郁闭度[1]逐年增大，原有的芦苇衰退，改变了原有生态架构，降低了整体的生态多样性。

1　郁闭度指森林中乔木树冠在阳光直射下在地面的总投影面积（冠幅）与此林地（林分）总面积的比，它反映林分的密度。

图 3-10 硬质驳岸使得陆地与湖泊之间的关系割裂

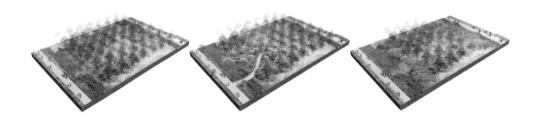

图 3-11 充分利用场地生态条件和生态资源

在场地中，笛东尽可能地保持原有生态植被的完整性，尽可能不破坏、不拆除原有环境中可利用的部分（图 3-11）。这也在另一个层面上回应了公园城市理论以"生态价值"为先的核心理念，因为一个环境的塑造、建设及其整个生命周期都需要能耗，在拆毁重建的过程中，各种材料的运输和建设垃圾的处理都需要消耗大量能源，它们会以热量的方式耗散到整个生态系统之中[1]。如果能够充分利用场地中的已有条件，应地施策，对之加以改造，不但可以如上文所提及的"变废为宝、化腐朽为神奇"，还可进一步避免不必要的能源消耗。这样的理念不仅适用于自然湿地的恢复，还适用于对后工业景观的改造。

同时，笛东更通过科学手段，主要从水体、水岸、生物多样性三个方面，对受到破坏的环境进行修复。

水体修复

为保证水体质量，一方面，严格监控场地内的水污染状况；另一方面，使用雨水净化技术，设计"海绵系统"以恢复河流水质，利用植草沟等收集道路及其他雨水径流，通过人工湿地、生态池塘等水景及景观缓冲区，对地表径流进行层层吸收、过滤和净化，使其最终汇入雨水花园，逐步恢复水质（图3-12）。

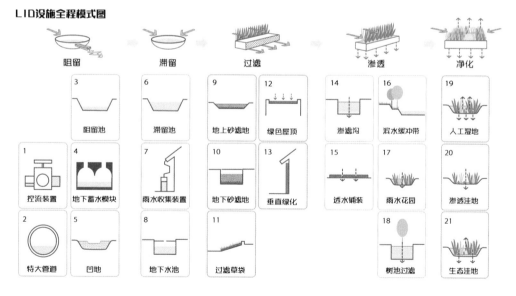

图 3-12　海绵城市系统的塑造

1　王云才. 景观生态规划设计案例评析 [M]. 上海：同济大学出版社，2013.

水岸修复

在水系设计上，打破原有硬质驳岸的束缚，将水系变直为曲、连点成线，恢复水系的自然状态，通过修建湿地栈道、生态水坝等对水系进行有机干预（图 3-13）。另外，通过打通主要水系和水体梳理水域环境，开凿内河增加浅滩水体的面积，形成更为丰富、完整的水循环体系，增加生态功能及多样性。

生态链修复

梳理湿地、森林两套生态体系，对场地进行半人工干预（图 3-14）。结合林缘地带对场地进行改造，针对原有的林下植被丰富度降低的情况，增加灌木和林下地被，逐步替换原有杨树林，在提高生态丰富度的同时，通过对生态演化过程的保护，逐渐形成动植物多样性和丰富的湿地景观。

另外，设计团队亦考虑了自然生态恢复和人类活动需求之间的平衡，通过对场地功能和附近道路的规划，使得这片公园成为集湿地游憩、森林体验、自然保护展示教育于一体的城市目的地。首先，笛东在布置交通时，根据现有农田的肌理分布路网，这样不但减少了工程建造对生态环境的影响，同时还解决了交通问题，更进一步延续了曾经的农耕记忆（图 3-15）；其次，笛东还对人们的活动空间进行规划，利用原有道路的交叉口及林隙场地进行局部改造，并匹配不同植物，形成供人们活动的场地，实现由人工到自然环境的流畅过渡（图 3-16）。除此之外，公园的游客中心等体量较大的建筑还采用低碳覆土方式，其绿色屋顶让地面延续至屋顶，模糊人工建筑物与周遭农业景观的边界的同时，也实现了景观和建筑的融合（图 3-17）。

在促进生态循环的设计原则指导下，笛东通过半人工干预的方式，利用自然的逐渐演替，保护生态的动态过程，逐渐恢复了场地的生态多样性，打造了中国第一个将农田转化为生态林，并成为森林公园的案例，开创了人工林晋升为国家级森林公园的先河。

正如科纳在其论文中提到的，"景观设计是一种精神，一种态度，一种思维和行为方式"[1]，面对城市的生态困境，以及公园城市发展对生态所提出的挑战与要求，我们需要以全新的思维，向自然本身学习，实现局部生态的恢复，这样循序渐进、师法自然而得来的景观，在适度的人工维护下，将会呈现出长久的优美环境以及稳定的生态丰富度（图 3-18 ~ 图 3-21）。

1　James Corner, Terra Fluxus. Landscape as Urbanism[J]. The Landscape Urbanism Reader. Princeton Architectural Press, 2006:
2-33.

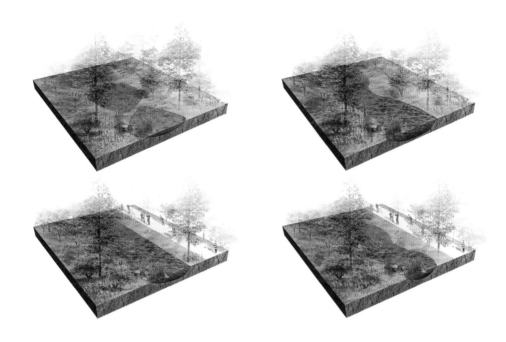

图 3-13　沟渠变直为曲，连点成线

图 3-14　对场地进行半人工干预，丰富生境

现状农田肌理   利用现状田埂搭建路网

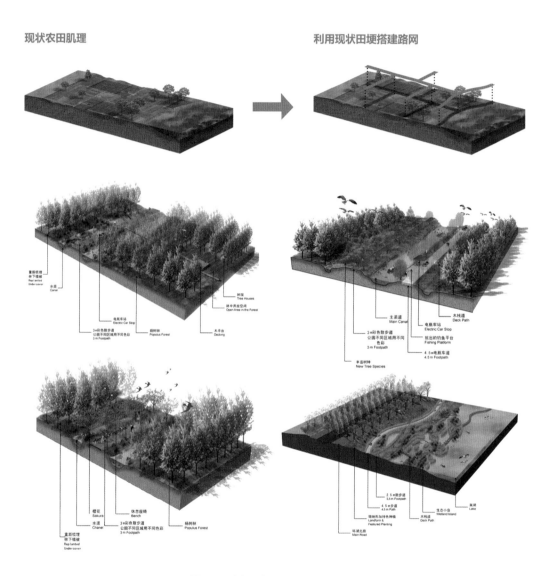

图 3-15　根据现有农田肌理，布置交通

图 3-16　合肥滨湖湿地森林公园总平面

图 3-17　覆土建筑——景观与建筑的融合

图 3-18　恢复生态后的合肥滨湖湿地森林公园

图 3-19、图 3-20　恢复生态后的合肥滨湖湿地森林公园

图 3-21　恢复生态后的合肥滨湖湿地森林公园

3.2 连点成线，贯通区域生态廊道
——界首市沙颍河规划设计

由于城市建设面积的无序增加以及全面系统规划的缺位，城市中的绿色空间被切碎和侵蚀，而破碎的绿色空间无法起到协同作用，其生态承载力无法应对季节性灾害和极端天气（如洪水等），更无法为当地物种提供安全的自然栖息环境。在这样的情况下，构建连续的生态廊道至关重要，因其能够起到连接区域生态及物种、保护生物多样性、过滤污染物、防止水土流失、防风固沙、调控洪水等重要作用。

生态廊道指起连接作用的带状景观，它通常沿着溪流、河流或其他自然特征而展开，能够串联起区域内的各个生态环境、开放空间、自然风景及其他资源。除了连接的作用，廊道也成为自然环境和人类社区之间的缓冲地带，是城市的生态主干，对于控制城市建设无节制、无序蔓延的现象起到一定限制作用。如何在城市中构建生态廊道，是构筑公园城市的重要命题。

对于生态廊道重要性的强调，可以追溯到奥姆斯特德的年代。他在水牛城（Buffalo City）和波士顿公园系统的总体规划方案中，提到了带状绿色基础设施以及"枢纽"（Hubs）和"链接"（Links）的概念（图3-22、图3-23）。"枢纽"的大小形状各异，可能是大型公园、保护区或功能用地，而"链接"则可以是植被覆盖的绿色通道，也作为野生动物迁徙和生态系统能量流动的通道。这样连续的生态廊道，尤其是以河流为基础而形成的廊道，甚至可以影响一座城市的发展。

图3-22　水牛城公园系统，1914©University at Buffalo

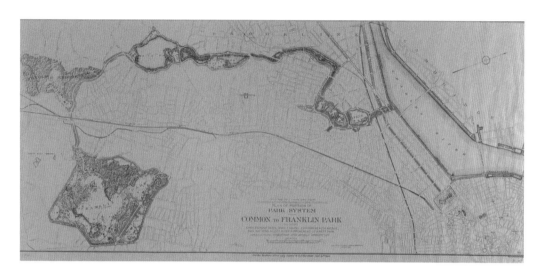

图 3-23　波士顿公园系统规划 ©Norman B. Leventhal Map Center

　　河流因与城市的不同区位关系，承担着相应的空间职能。穿过城市中心区域的河流，与城市的生活、文化、社会经济发展等关系紧密。经过一定的规划设计，能将自然引入城市，改善城市环境，调控洪水，保障人们的生命财产安全，同时还能起到带状景观的作用，为城市居民提供休闲活动的场所，如美国的洛杉矶河和圣安东尼奥河，都是此类通过生态廊道复兴城市、改善生活的典范（图3-24、图3-25）。而位于城市边缘区域及郊区的河流，则更多呈现自然原始的状态，起着控制城市边界的作用。在有效的保护及维护的前提下，边缘河流则能够承担城市泄洪、生态保育等自然廊道的基本功能。另外，河流与城市的关系及其所承担的功能，也会随着城市的扩张和发展，不断变化和演替。

　　在界首市沙颍河的规划项目中，笛东对于如何打造连续的生态走廊、积极处理河流与城市的关系作出了很好的诠释。沙颍河全长 620 千米，是淮河最大的支流，发源自河南省登封市的嵩山，由界首市进入安徽境内，流经安徽各县市，最后注入淮河。沙颍河是界首市的母亲河，由西北至东南贯通全市，河与城在这里相依相生。

图 3-24　恢复生境后的美国洛杉矶河
©U.S. Army Corps of Engineers Los Angeles District, Creative Commons

图 3-25　美国圣安东尼奥河夜景 ©Mick Haupt, Unsplash

界首城建成于宋代，初始位于沙颍河北岸，并随着时间的流逝沿河扩张。随着近代城市化进程的推进，沙颍河的区位由地处城市边缘逐渐转变为位于两个城市核心区之间，从自然原始的状态逐步演替为以人工干预为主的城市生态廊道，奠定了界首市"一城两岸"的空间格局（图3-26）。

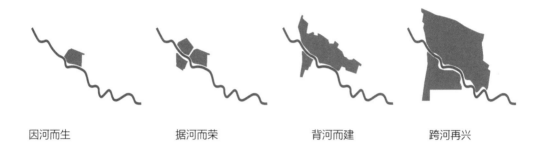

因河而生   据河而荣   背河而建   跨河再兴

图 3-26　沙颍河城市地位的转变

对于沙颍河来说，城市与河流紧密的关系也造成了一系列的环境问题和挑战（图3-27）。一方面，大量的硬质驳岸，沿河而建的工业区、住宅和村庄，对沙颍河的水质造成很大影响，加重污染的同时，还令河流行洪、蓄洪的能力降低，危及城市安全。另一方面，由于早期缺乏对河流周边空地的统一规划，曾经用于航运的码头被废弃，沿岸公园及各种公共空间（植物园、南湖公园等）呈碎片化分布，河流两岸亦缺乏供人们进行公共活动的场所。

图 3-27　沙颍河面临的问题及挑战

笛东此次介入设计的流域长 9 千米，河床宽 170~200 米，河道水域面积达 100 公顷，景观设计总面积约 300 公顷，沿岸流经各种不同的公共空间和大小不一的城市绿地。如何连点成线、串联现有的生态空间并形成连续的自然生态廊道，并且在不影响生态环境的基础上，为人们提供更加充足的活动空间，成为这个项目的关注点。

在这个项目中，笛东仍然秉持生态为先的原则，充分利用场地的现有条件，建设对环境低干扰的景观设施。首先，通过地理空间分析等技术对现状进行评估，对场地内洪水的淹水深度以及淹水范围、农田及林地范围做出明确界定，以此作为基础条件进行设计，遵循"恢复—连接—丰富"的生态廊道构建过程（图3-28、图3-29）。

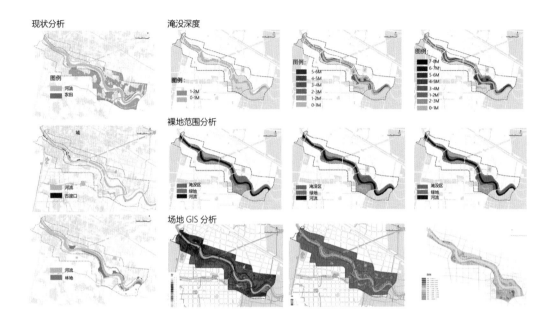

图 3-28 对沙颍河进行基地分析

图 3-29 连点成线，贯通区域生态廊道的设计策略（由编者绘制）

廊道生态韧性的恢复

笛东通过"解放"被硬质化的驳岸，恢复自然河道本身的功能。"自然的水系是一个生命的有机体，是一个生态系统"[1]。弯曲不规则的河岸水草丛生，河床起伏多变，水流或急或缓，白鹭、蛙与鱼等，构成生机盎然的一片生境。生态健康的河流，本身就具有很强的行洪蓄洪、抵抗自然灾害和气候变化的能力。

---

1 俞孔坚，李迪华 . 城市河道及滨水地带的"整治"与"美化"[J]. 现代城市研究，2003(5).

图 3-30、图 3-31 打造自然的河岸地形，形成完整的水循环

在沙颍河的项目中，设计方案强调对河漫滩的合理保护，恢复动植物群落，从而有助于控制洪水和改善水质；同时，拆除硬质驳岸，通过植被和坡地构建生态型的驳岸；利用内河水泡给予河流额外流动的弹性空间，辅助河流形成自然河流的自动力的过程；另外，扩大洪泛范围，并使其成为城市绿地的组成部分，恢复生态韧性，从而应对城市内涝等问题（图 3-30、图 3-31）。

同时，打造与河流相连的城市海绵体系，通过涵管、雨水花园、下凹绿地、生态草沟、瀑式曝气等方式，对水质进行过滤和净化，保障水质。

完整生态廊道的连接

在设计过程中，笛东尽量避免城市建设对廊道的打断，保障廊道自然生境的连续性；同时控制场地内原有农业用地的数量，保护原有林地，充分利用已有的生态条件，对其进行干预和引导，打造漫步林地、生态农场、观光农业等多元景观，并通过树丛、树群等自然要素以及植入新建的河畔公园等方式，贯穿、联结不同的自然区域。

生态及生活的丰富

一方面，设计方案关注沙颍河及其两岸的生态丰富性，通过梳理地形地貌，从水体到河岸分层布置沉水植物、浮水植物、挺水植物、湿生植物、中生植物，丰富植被环境。植物群落规划的多种空间结构提供了多样的生境，从而吸引更多种类的动物栖息于此，提升丰富而稳定的生境环境。

另一方面，设计方案也关注人们生活和休闲活动的丰富性，在城市河道景观中设置各种功能区，利用现有地形及条件，打造节点，建立点轴结合的绿地系统，创造自然风景及休闲游览相结合的多样可能性；通过恢复古城墙、古码头等历史遗迹，创造存留于人们记忆的公共活动场所，并且沿河岸设置连续的慢跑及步行道路，供市民健身所用（图3-32）。

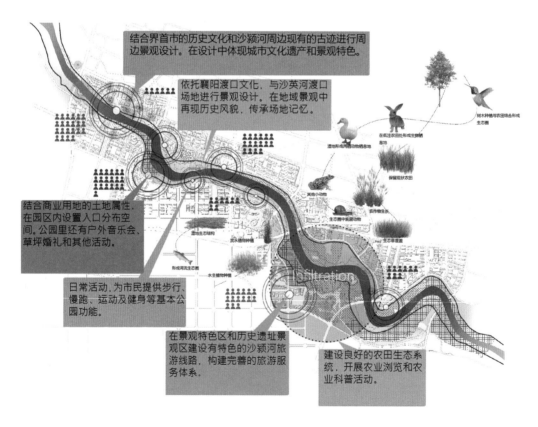

图3-32 沿岸打造丰富的生态及生活

笛东在沙颖河的设计中化零为整、化单一为丰富，将自然环境与人工环境进行有机结合，形成了和谐的景观序列和连贯的生态走廊（图3-33～图3-37）。这样既保障了生态系统的连续性，形成城市与河流之间的缓冲区（buffer zone），同时真正引自然入城，为城区生活提供连续的自然空间，满足城市居民休闲、娱乐的需求。沙颖河的转变，不仅恢复了河流的生态功能，还将沿河两岸打造成能够展现界首市过去与未来特征的生活廊道，有效提升了当地的生活品质，象征着自然与城市的协同复兴。

图3-33　经设计建成后的沙颖河

图 3-34　经设计建成后的沙颍河

图 3-35　经设计建成后的沙颍河

图 3-36 沙颍河规划设计总平面

图 3-37 沙颖河设计渲染鸟瞰图

3.3 搭建蓝绿结构，拓展城市生态网络
——合肥十五里河规划设计

　　自然资源的保护与城市经济的发展一直是一对令人头疼的矛盾，而找到二者的平衡与共生，则是规划与景观设计师不懈追寻的目标。如何处理生态与城市的关系？这也是"公园城市"理论最为基础也最为核心的问题。曾任哈佛设计学院系主任的建筑师莫森·莫斯塔法维（Mohsen Mostafavi）在《生态都市主义》（*Ecological Urbanism*）中写道："生态都市主义是不是……也是一个自相矛盾的术语？"[1] 虽然这两个关键词似乎相互对立，但"公园城市"理论恰能提供弥合这两个对立面的解决方案。

　　如上个小节所提到的，连续的廊道（如水系等）形成了更完整的生境种类和动植物物种构成，其生态稳定性和生态韧性均优于单个的自然区域；而由廊道构成的生态网络，因其结构、空间类型及物种的多样化，则更优于单一廊道。换言之，最佳实践是在城市中，沿廊道发展鱼骨状的分支，形成网络化的公园城市生态框架。这些相互连接的水道、绿道、湿地公园、森林共同构成城市的绿色基础设施，可以更好地奠定全域生态格局，将自然与城市相结合，最终实现生态、社会、经济的协调和可持续发展。美国的佛罗里达绿道网络、亚特兰大的环城翡翠公园（图 3-38、图 3-39），都是此类生态网络的典范。

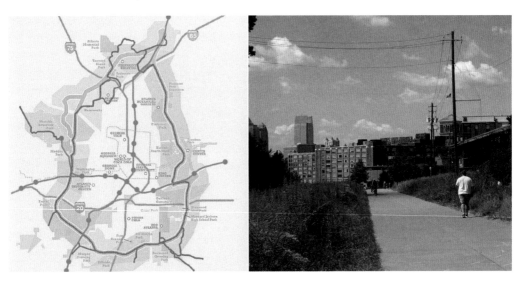

图 3-38（左）　亚特兰大环城公园系统 ©InvestAtlanta
图 3-39（右）　亚特兰大环城公园 ©Thomas Cizauskas,Creative Commons

1　加雷斯·多尔蒂.生态都市主义 [M].俞孔坚,译.南京：江苏科学技术出版社，2014.

笛东的项目亦涉及从更宏观层面、站在城市尺度搭建蓝绿布局结构的实践，通过拓展生态网络，实现大尺度区域内的生态平衡。其中，合肥十五里河的规划设计，就是一个很好的案例。十五里河位于安徽省合肥市，发源于大蜀山东南麓，自西北流向东南，干流河道全长约24.74千米，流域面积达111.25平方千米，是合肥西南部主要的行洪通道之一，同时也是该市重要的南北向生态廊道（图3-40）。在城市发展进程中，十五里河所承担的职能也相应发生着转变，由原来作为城市边缘的自然区域，逐步成为新老城区之间的重要衔接。

未来，合肥市将构建以湿地绿带网络为骨架的都市整体生态格局，通过湿地网络，将城市与自然系统有机结合，实现水系的连通及水质的梯级净化，极大提高环境容量，改善环境质量。而十五里河作为合肥市区主要的生态景观绿道，联系着城市的主要道路、生活区、办公区及商业区，奠定了城市内部的生态网络格局，将成为该市绿带网络骨架的重要组成部分（图3-41）。

不仅如此，十五里河与南淝水河是注入巢湖的两大主要城市河流，与巢湖相接，这意味着河流生态廊道的状态关系到整个大巢湖区域的水质、生态平衡、能量流动及动物迁徙。水系及两侧的绿

图3-40（左）　十五里河区位
图3-41（右）　十五里河与城市绿带网络

地形成完整的绿色廊道，保障了沿湖绿地与城市内部绿地的沟通，成为生物活动的重要廊道，而河水则与巢湖水无障碍连通，保障鱼类和两栖类动物自由活动。

但是，与十五里河重要的生态地位相比，其环境现状则令人担忧。两个重要水利因素影响着针对十五里河的整治及规划行动：

- 第一，**水位的急剧变化**。十五里河河道弯曲，属雨源性河流，洪枯水位变化幅度大。另外，受到巢湖洪水的影响，该区域的水旱灾害时有发生。目前，十五里河缺乏稳定的生态补给水源以及存水措施，河道现状的防洪标准也较低，为 10 至 20 年一遇。

- 第二，**河水的污染**。由于沿河生产生活的污水排放和缺乏水源补给，河流水体污染严重。2005 年，巢湖的十条主要环湖河流中，十五里河位列污染最为严重的三条河流之一，水质为劣 Ⅴ 类，主要为氨氮指标超标[1]。除了水质问题，河流两岸生态环境均较差。

本次规划涉及的区域全长 14.8 千米，流域规划生态面积约 12.46 平方千米。在这个项目中，笛东意识到对十五里河的规划设计不应仅仅局限于对河流及其周边的设计，还需对整体生态网络进行规划布局；不应只关注局部解决问题（如应如何降低水旱灾害所造成的损失、如何化解水质变差所造成的威胁等），还应强调整个流域与城市的共生繁荣，尽可能在规划中回应这些更加宏观的挑战，从恢复河流，到复兴流域，最终再创城市。

另外，由于规划所涉及的区域较大，不应遵循传统的静态设计，"一次性"给出形态上的解决方案，而应施行创新的"动态设计"，先制定明确的规划目标，梳理清晰的设计控制导则，有序、灵活地进行分期开发，由短期改进开始，循序渐进地实现长期愿景（图 3-42）。

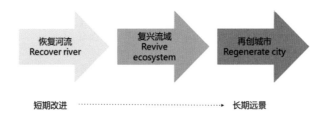

图 3-42　十五里河规划的长短期实施策略（由编者绘制）

1　巢湖流域水污染防治规划(2006—2010 年) [EB/OL]. 中华人民共和国生态环境部, [2009-10]. http://www.mee.gov.cn/gkml/hbb/bwj/200910/W020080423440539101244.pdf.

笛东首先对设计区域进行了全方位评估，了解场地的基本生态情况及优劣势（图3-43）：

- 基地的土地利用类型主要为林业用地、农业用地和部分工业建设用地。
- 基地的生态本底较好，拥有大片杨树林，大片湿地草甸；但其景带呈现割裂的状态，河道岸线破碎且经常干涸，下游河道两岸多为农田和荒地，杂草丛生。
- 基地地势平坦，海拔高度在6至20米之间，西北高东南低，坡度在5%以下，可达性较好。
- 基地的生态敏感度由西北向东南逐渐增高，在生态敏感度高的区域，开发强度不宜过大，对于密林区与湿地区应严格控制建设开发强度。

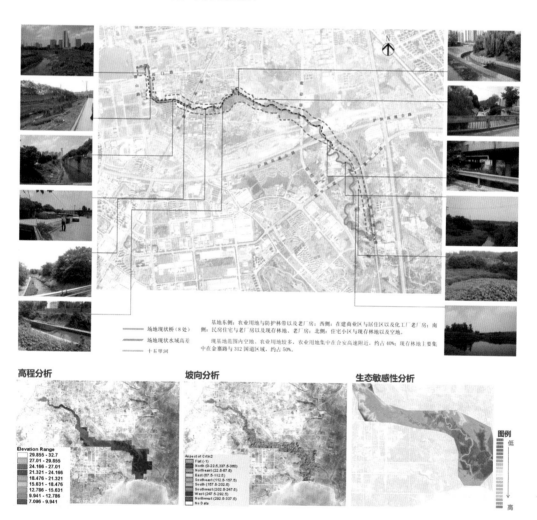

图3-43 场地分析

随后，笛东明确了此次规划的策略，即生态为本、河城共融，在生态基底之上，赋予更丰富的城市功能，实现城市功能的重构以及特色的营造。

生态为本

设计方案效仿自然山水处理河、岸、景的关系，以自然生态方法造景与补水，制定措施以修复、构建完整的河流生态系统，其中包括动物生态保护及水体净化功能等，以达到恢复生境、稳定生态、丰富物种的目的（图3-44）。

关注生态基底，保障水质（净化水质、严控污染），分别通过长短期的不同措施，实现水体的流动和水量的稳定（图3-45）。保障水质清洁，构筑多元、具备韧性的生态系统，其中包括多样化的生态驳岸、人工及自然补水系统、湿地净化系统。除此之外，关注鸟类和水禽的栖息与迁徙，拓宽三处水面，形成湖面与湿地，成为整个廊道上的三个停留"跳板"，作为鸟类和水禽的停留之所。每个"跳板"之间间距为3~4千米，成为从南淝河湿地区深入城市片区的重要鸟类活动节点，实现与大巢湖区域生态系统的联系。

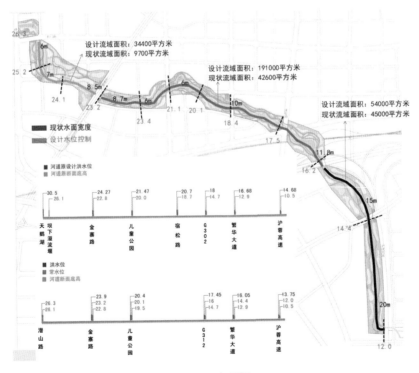

图3-44 水系设计

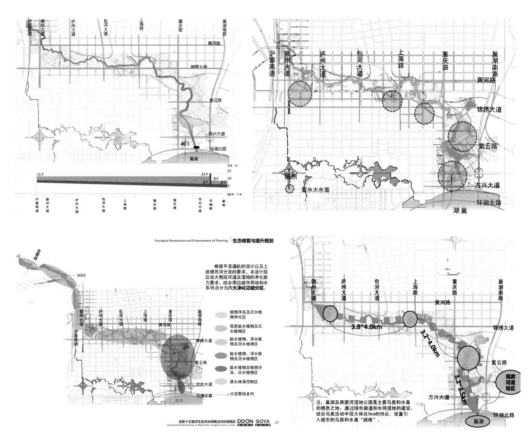

图 3-45　短期措施——筑坝、长期措施——去直取弯，拓宽水面、水体净化功能分区、构建生态跳板

河城共融

设计方案充分考虑河流及绿地廊道在城市中的地位，结合城市建设现状和周边用地功能，确定十五里河的城市地位、城市功能及城市肌理衔接策略，综合考虑城市生态景观旅游廊道的构建，将其连入合肥的城市绿地系统，成为合肥完整且复合的生态廊道网络体系的一部分。

另外，将十五里河与整体城市规划相结合，根据城市快速发展需要、市民对高品质生活的需求以及城市风貌的统一控制，使片区在功能和形式上与城市融合协调。将"生态绿脊"沿城市空间廊道向城市四面渗透，由蓝绿主干向外延展，形成鱼骨状绿道体系，并将河段划分为"三带、四轴、六区、多节点"的规划结构，就所处区位限定开发强度，使其承担不同种类、不同主题的城市功能（图3-46~图3-49）。

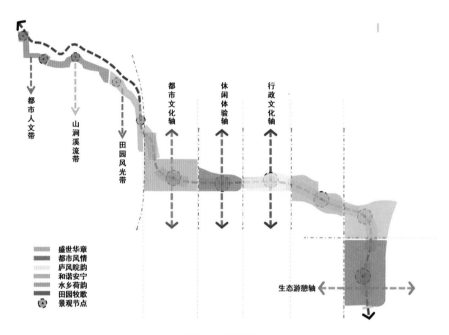

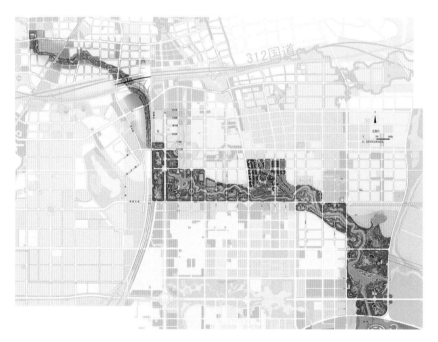

都市人文带
山涧溪流带
田园风光带
都市文化轴
休闲体验轴
行政文化轴
生态游憩轴

盛世华章
都市风情
庐风皖韵
和谐安宁
水乡荷韵
田园牧歌
景观节点

图 3-46　功能分区

312国道

图 3-47　十五里河概念性详细规划总平面

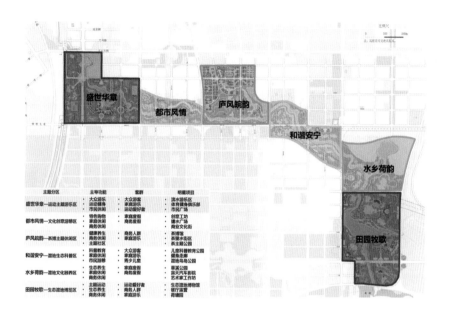

图 3-48 功能分区与内部功能

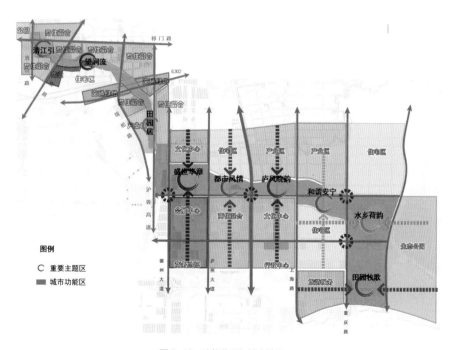

图 3-49 功能分区与城市关系

3.4 总　结

著名历史学家刘易斯·芒福德（Lewis Mumford）曾在《城市发展史》中指出，应把整个城市区域都看作潜在的公园系统[1]，保护城市中的林木绿地、自然环境，控制城市建设用地的扩张，阻止其无限制地吞噬自然绿地、破坏生态环境。芒福德的观点在一定程度上与"公园城市"的哲学观不谋而合：他强调自然对于区域环境和人的身心健康的重要性，反对仅注重美观的、形式主义的规划；而"公园城市"则推翻了传统设计美学基于视觉的手法，让形式不再成为决定因素。

在"公园城市"的生态美学指导下，原生、自发、荒野的景致只要是符合生态原则的，都是美的。它关注生态内涵，而非表面形式[2]；关注整体的系统，而非孤立的环境单元；关注人与自然的共赢，而非人类社会向单方面倾斜的利益。

无论是合肥滨湖湿地森林公园的生态恢复，还是沙颍河和十五里河的规划设计，都以生态为基础，为环境增添了更多的价值和效益。这些场地成为城市的"绿色核心"或是"绿色脊梁"，为各类生物提供了丰富的栖居生境，并与其他栖息地和迁徙路线相连，共同形成系统的生态大环境。

生态设计的领军人物、景观学者约翰·蒂尔曼·莱尔（John Tillman Lyle）曾于 20 世纪 90 年代提出"景观再生"（Regenerative Design）的理论，指出通过让自然做功、向自然学习、以自然为背景，可整合系统而非孤立元素，实现多重功能而非单一功能[3]，从而形成环境中资源与能量的良性循环，实现城市与自然的长久发展。如今，以生态角度切入"公园城市"，也是在强调城市环境中不同元素之间的联系，通过构建廊道，促进物种及能量的流动，实现由点到线、由线至网络的生态布局，促进人与自然的交流，从而达至城市中一种新的生态平衡，激发生态活力。

在此基础之上，下一章将进一步阐明如何从以人为本的角度，进一步释放公园城市空间的潜力，将生态价值转化为构筑活力社区的动力源泉。

1　金经元.芒福德和他的学术思想 [J].国际城市规划，2009（S1）.

2　王云才.景观生态规划设计案例评析 [M].上海：同济大学出版社，2013.

3　俞孔坚，李迪华，吉庆萍.景观与城市的生态设计：概念与原理 [J].中国园林，2001(6): 3-10.

"人本"空间规划，重塑社会活力

"人本"空间规划，重塑社会活力

人与环境的互动

城市以及城市中的公共空间承载了人们的生活，它包括了大量社会交往活动的场所，比如广场、街道、公园等。这些场所是人们生活的容器，是人的一切行动和行为参与的支持结构。城市环境的好坏，会直接影响人们交往的可能性和深度，从而影响社会的整体活力。

环境行为学则认为，人的内心诉求塑造了行为，并通过行为塑造环境（图 4-1）。行为成为思想外化的渠道，继而引起环境的多维度变化[1]。人与环境之间的关系，正如人文地理学家段义孚[2]所概括的，即 "在世界中的人" （man-in-the-world），它生动地解释了人与其所处环境之间关系的复杂性和整体性[3]。

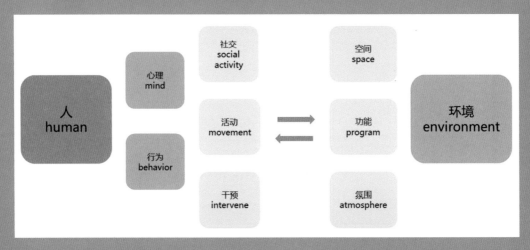

图 4-1　人与环境之间相互影响的关系（由编者绘制）

对于设计师来说，他的设计对象不仅是针对建成环境本身，更是人与空间的整体关系。设计城市以及其中的公共空间时，设计师需要同时了解人们在空间中的瞬间体验和持久感受，将人与建成环境相互映照的整体关系考虑在内。正如景观大师约翰·奥姆斯比·西蒙兹（John Ormsbee Simonds）在其所著的《景观设计学》中所言， "我们要设计的不是场所，不是空间，也不是一种东西，而是一种体验"[4]。只有同时关注人的意识、身体、行为和体验，才能塑造环境的和谐与美好。

1　李道增.环境行为学概论 [M].北京:清华大学出版社,1999.
2　段义孚（1930—）,著名当代华裔地理学家,他的人本主义地理学思想在西方地理学界,以及与西方关系密切的其他地方的地理学界,产生了重大影响.
3　段义孚.人文主义地理学之我见 [J].地理科学进展,2006,25(2): 1-7.
4　西蒙兹,等.景观设计学:场地规划与设计手册 [M].3 版.北京:中国建筑工业出版社,2000.

实现以人为本所面临的挑战

    对人本身的关注，是解决当今人口城镇化所带的城市环境问题的重要切入点（图4-2、图4-3）。反观当下，全球55%的人口居住在城市，这个比例在2050年有望达到68%。据联合国预测，90%的城市人口增长将来自亚洲和非洲，其中，中国将增加2.55亿城市居民[1]。如若这些数字成为现实，将会给城市环境及资源带来惊人的压力。

    与此同时，全球的城市居民的生存环境现状也令人担忧，住宅拥挤、交通拥堵、卫生条件不足、废物处理不当、城市热岛效应、运动及休闲空间缺乏等问题，也使得城市成为许多生理及心理疾病高发的震中。[2] 如何为城市居民提供良好的生活和工作条件，不论是对于设计师，还是对于规划等行政部门都将成为棘手的问题。

图4-2（左）　增长的亚洲人口 ©United Nations Photo, Creative Commons
图4-3（右）　快速扩张的中国城市 ©hans-johnson, Creative Commons

    另一方面，随着"十四五"规划提出"全面提升城市品质"[3]，我国也迎来了新一轮的国土空间规划定位，"城市双修"成为其中的重要命题，即通过生态修复和城市修补两大方式来治理"城市病"，从而改善人居环境。这意味着，公园城市的规划与设计将不仅仅需要关注上一章所述的生态环境的打造，还着重强调从人的角度出发，以人为核心，以增加人民的福祉为目的。

1　68% of the world population projected to live in urban areas by 2050, says UN[EB/OL]. United Nations, [2018-05-16].

2　Urban Health[EB/OL]. World Health Organization.

3　发改委：今年将出台"十四五"新基建规划 [EB/OL]. 新华网 .

公园城市的人本视角

事实上，对于当下的城市来说，其中的绿地系统和公园体系是其公共服务体系的重要内容，也是城市人居环境中"最公平的公共产品和最普惠的民生福祉"[1]。那么，对城市绿地系统、公园体系以及社区生活圈的规划和营造应该如何落实以人为本的理念呢？

从人的角度出发，意味着不应仅考虑粗放式的功能划分，还应强调精细化的设计，将居民的行为和感知纳入参考体系，以提升幸福感为最终目的[2]；不应仅强调统一的规划，还应将人的差异化需求考虑在内；不应仅强调硬件的建设，还应提高服务的质量及管理的配套；不应仅关注空间固定的形态，还应强化反馈机制，根据居民的需求动态地调整设计及策略，从而提升绿地及公园体系作为重要公共服务设施的社会承载力。

公园城市作为城市发展的一种更加成熟和平衡的理念，倡导"以人民为中心，以生态文明为引领"[3]。它将公园形态和城市空间有机地融合，从空间的角度，达到生产、生活、生态的相互协调；从发展的角度，达到自然与经济、社会与文化的相互促进，打破人与建成环境之间的隔阂，形成良好的反馈体系，从而实现"人、城、境、业"的和谐统一，回应了"城市双修"的命题，以及设计师以人为本的设计初衷（图4-4、图4-5）。

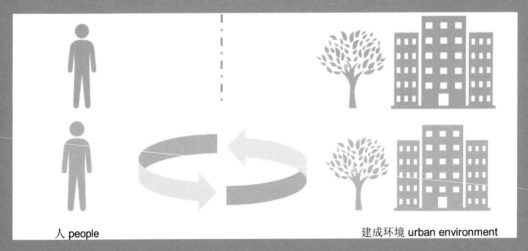

人 people   建成环境 urban environment

图4-4（上）　传统城市规划中人与建成环境的关系（由编者绘制）
图4-5（下）　公园城市中人与建成环境的关系（由编者绘制）

1　吴岩，王忠杰，束晨阳，等．"公园城市"的理念内涵和实践路径研究[J].中国园林，2018(10): 30-33.
2　张婧远，陈培育．面向城市公园的感知可达性研究进展述评与人本规划思潮下的应用启示[J/OL].国际城市规划 1-14. [2021-03-04].
3　成都公园城市建设领导小组．公园城市[M].北京：中国发展出版社，2020.

建设公园城市将提供一个契机，从宏观到个体层面落实以人为本的理念，根据市民多层次、多样化的需求（图4-6），针对不同人群、不同的活动场所，从人的角度出发，去梳理和构建城市环境的"三生"共融：第一，生态，保障人们的安全与健康；第二，生产，保障人们充分实现自我发展的机会；第三，生活，保证人们享有高质量的文化及精神生活，以及多元的娱乐、健身、文化体验。

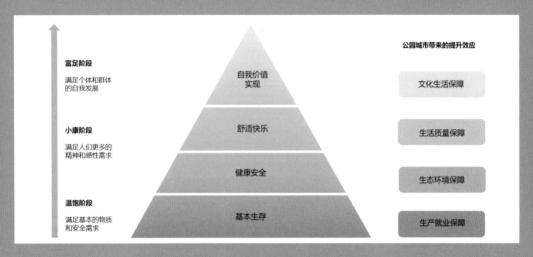

图 4-6　社会发展阶段对应人们的不同需求以及公园城市带来的提升效应（由编者根据学术论文重绘）[1]

本章通过 3 个案例，介绍如何通过规划及景观设计满足不同城市发展阶段下人们不同层次的需求，由宏观至微观打造"公园 +"的综合发展模式[2]，在提升城市空间公共性的同时，塑造并释放公园城市的活力。

1　闵希莹, 胡天新, 杜澍, 刘长辉, 连欣, 曹琳, 赵坤. 公园城市与城市生活品质研究 [J]. 城乡规划, 2019(1): 55-64.
2　金云峰, 陈栋菲, 王淳淳, 袁轶男. 公园城市思想下的城市公共开放空间内生活力营造途径探究——以上海徐汇滨水空间更新为例 [J]. 中国城市林业, 2019, 17(5):52-56, 62.

4.1 小尺度和谐街区，梳理存量城市空间
——重庆大足龙水镇规划设计

截至 2019 年，我国的常住人口城镇化率已达 60.6%，第三产业增加值占国内生产总值比重达到 53.9%[1]。面临高密度的城镇人口和快速增长的第三产业，从前"摊大饼"式的城市发展模式已不再适用，这样的模式不但使得城市无边界盲目扩张，过度占用农村土地，破坏自然生态，还令城区内已有的土地资源得不到充分利用，降低每单位基础设施的服务人数及效率，削弱城市本应有的各种技术及产业的集聚效应，影响经济生产的效率，降低人们的生活质量。

同时，这些数据也意味着在土地资源有限的刚性约束下，城市发展模式转变已势在必行。我国城市空间发展形态由增量扩张向存量优化转型，这对于提高城镇居民的生产生活质量来说至关重要。根据发达国家的城市发展经验，当城镇化率达到 60% 时，交通拥挤、住宅紧张、环境恶化等问题就会出现，从而进一步导致内城衰败、人才流失等现象出现（图 4-7）。而对于我国来说，人口多、密度大的现状更使得早期规划不完善导致的一系列遗留问题一一显现。

图 4-7　内城问题：广州的城中村 ©radomix, flickr

目前，我国许多城区内的存量地区普遍存在功能结构失衡、生活配套设施不足以及道路分布不合理等问题，给人们的生活及交通出行带来众多的不便；公共空间不仅匮乏且品质不高，大大限制了人们休闲运动的范围及质量。同时，这些存量地区往往还面临着改造用地潜力小、建设用地使用权分散、牵涉利益主体复杂、经济效益低导致实施改造的阻力大等诸多挑战[2]。

当然，城市内的存量空间也有其自身优势。

---

1 城市更新撬动十万亿内需空 [EB/OL]. 新华网 , [2020-08-27]. http://www.xinhuanet.com/2020-08/27/c_1126417419.htm.
2 邹锦，颜文涛 . 存量背景下公园城市实践路径探索——公园化转型与网络化建构 [J]. 规划师，2020(15): 25-31.

城市历史记忆和文脉的延续

它们往往是城市历史记忆和文脉延续的场所，而人们对于地方的归属感则与记忆和文脉息息相关。这些记忆既可以存在于物质形式中，如老工业厂区、历史街区、古建筑等特定空间，也可以存在于非物质形式的文化实践活动中，如仪式、风俗、节日等纪念仪式和主题性活动等。而在这些场所中，通过集体记忆的建立，可以加强城市市民的身份认同和社会共识，实现城市文化的复兴。

人性化的尺度

不似大尺度的新开发区，老城区由于早期开发的限制，往往有着人性化的街道及居住尺度（图4-8）。在保留这样的尺度的基础上进行改善，无论是对存量的更新还是增量的扩张，都有着很好的参考意义。

图 4-8　有着城市记忆和人性尺度的内城街道：北京胡同 ©Alexanderpf. Creative Commons

城市由增量扩张向存量优化转型过程中存在着种种挑战与机遇。日益老化的城区无法适应新时代人们的需求，而城区本身有着极大的历史与文化价值。因此，未来以存量更新为主导的城市发展，需要极具创新的思路与策略。

公园城市的战略可以提供很好的理论依据，作为城市存量空间优化的统筹框架，通过构建多层次、网络化的城市基础设施和居住环境，由点至面，提升城市存量空间的整体质量，实现存量背景下城市向公园的转变，从而提高人们的生活品质，打造让人们有归属感的城市。

一般来说，可以纳入公园城市统筹规划下的城市存量空间主要有以下四种类型。

城市滨水空间

这类空间在老城区往往缺乏合理规划，经过新的梳理后可成为城市公园体系的主干支撑结构。

已经衰败以及改变用地性质的城市地块

如城市内部衰退的工业区、被遗弃的仓储用地等。这些用地在城市发展的初期曾处于城市的边缘，随着城市的扩张，经济转型使得原有产业被代替，地块因而被废弃，被新兴的城区所包围。但是，这些城市中的未被开发的地块有着非常大的潜力，在被改造及赋予新功能后，将焕发新的活力。例如，中国上海西岸艺术馆群及滨江景观项目的场地曾经是工业区，现被设计成了有文化底蕴及生态活力的带状城市空间，为人们日常的生活及游客的到访提供了好去处（图4-9）。

城市现有绿地及公园

由于早期缺乏统一及长远的规划，它们往往分布分散，设施老旧，而改造后则可重新承担起在大公园体系下的相应职能，成为人们休闲运动的主要场所。

老旧小区及周边区域

这类区域往往位于老城中心，由于早期规划所对应的人口及交通情况的不同，存在交通混乱、环境差、公共空间及绿地匮乏且分散、生活不便、服务设施明显不足等问题。大量城市居民居住在这样的地方，它的更新与提升关系到切实的民生，因此应将公园城市的理念落实到社区层面。

目前，如上海等城市都在积极推行在城市存量社区中规划和建设15分钟社区生活圈，在陆家嘴街道等地区展开社区的微更新项目，增加公共服务设施、公共空间、慢行网络、艺术小品等，方便人们的生活。[1]

---

1 何瑛.上海城市更新背景下的15分钟社区生活圈行动路径探索[J].上海城市规划，2018(4): 97-103.

图 4-9　上海西岸艺术馆群及滨江景观 ©WEST BUND

　　以公园城市理念统筹的城市更新，将不同的存量空间及相应资源统一纳入整体规划，根据当地人口、产业等的实际现状，综合评估现存的公共绿地及公园体系，从而对城市中的各个不同级别的公共空间进行系统性的整合和有时序的开发，实现老旧城区的公园化转型以及网络化建构，从而有效协调人们的生产、生活与生态。在重庆大足龙水镇项目的规划中，笛东就采用了许多创新策略，从不同类型的存量空间入手，整合城市存量空间，提升城市活力与居民的归属感。

　　龙水镇位于重庆市大足区中南部，东距重庆城区 90 千米，是成渝经济带的核心区域、重庆一小时经济圈的重要组成部分。该项目占地 6.83 平方千米，规划范围包括北侧的龙水旧镇（4.52 平方千米）和南侧的龙水新城（2.31 平方千米）（图 4-10）。笛东对于该城区的设计希望突显传统与现代的结合，基于当前的城镇格局和未来的发展前景，以"文化复兴五金镇，全龄共生健康城"为规划愿景，实现拥有生产、生态和生活"三生"优势的千古名镇。

　　为了整合旧城区的不同存量资源，实现优质的"三生"目标，更好地为人们的生活服务，笛东从公园城市的角度出发，提出的策略包括：

图 4-10　重庆龙水新旧两城规划范围

● 　首先对场地进行详细评估，其内容包括产业、历史、人口需求，并对城市现有公共绿地与公园的空间分布、滨水界面、社会效益、生态价值等评估做出综合的分析判断，以城市内各级各类公园绿地与公共开放空间（图 4-11）的系统整合为总体目标。

● 　确定新旧城区之间的关系，融合新旧城市，兼顾增量的扩张与存量的提升。划定老城区、协调区、新城区三个基本高度分区，选取地标节点，塑造天际轮廓（图 4-12）。在旧城区梳理并强化古镇市街作坊的特色风貌，延续原有产业，促进文化再生。在新城区植入现代健康养生、休闲乐活的城市空间。

● 　在新城区，一反大开发的通常做法，延续老城区街区的人性尺度，方便居民生活，以小容大：以小的地块创造大的价值，以绿脉划分大街坊，形成小地块，增加开发弹性，提升土地价值；以小的街道解决大的交通问题，塑造尺度宜人、步行可达、界面连续的慢行及绿色交通路线；以小的商业满足大的需求，运用沿街店面塑造小镇生活气息，体现舒适的"慢生活"（图 4-13）。

图 4-11 老城区原先街道面貌

图 4-12 新老城区高度分区、地标节点及高度控制

● 对城市原有的滨水及生态区域进行更新与提升，布置"一环两廊"的结构（滨水文化休闲廊道＋康体游憩环线＋生态游憩廊道），使其串联新旧、文化与自然，将城市的历史文脉与绿色基础设施相结合（图 4-14、图 4-15）。

● 实现存量空间的网络化，梳理城区结构，串联各个零散的公共空间，形成中心及网络的系统，通过"层叠"的方式将地形、交通、植被和人流等水平扩展的秩序系统叠加覆盖在网格空间上，强化城市空间骨架，并在各个空间之间形成有机联系[1]；在老城区完善设施体系，建立复合的功能中心。

---

1 邹锦 . 基于过程的山地城市滨水区景观设计方法研究 [D]. 重庆 : 重庆大学 , 2016.

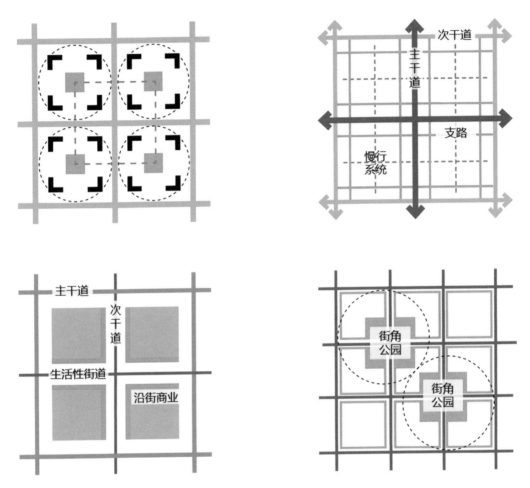

图 4-13　"以小见大"的地块组织、交通模式、生活区和社区公园

● 梳理存量空间中的交通系统，结合绿廊对慢行系统进行合理布局，串联各个城市节点，并在老城区周边增加停车设施，缓解老城机动车交通压力（图 4-16）。

● 在老城区置入有城市记忆的场所：建设四个城市公园和若干特色街头小公园，形成生态绿色网络，叠加服务空间网络、游憩及历史文化空间网络，构建集体记忆，打造给人以归属感的环境（图 4-17）。

滨水文化休闲廊道

康体游憩环线

生态游憩廊道

图 4-14 "一环两廊"的城市结构

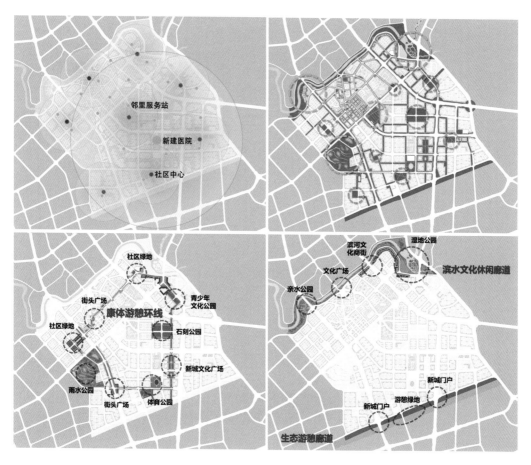

图 4-15 形成服务及公共空间网络

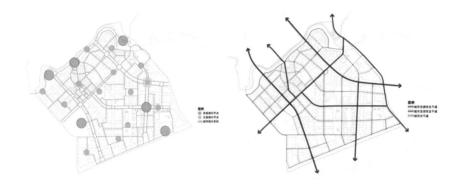

图 4-16　梳理城市交通网络

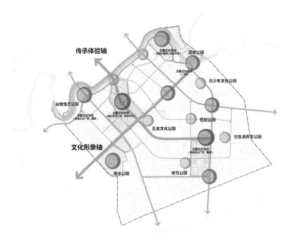

图 4-17　形成文化记忆网络

　　龙水镇是笛东从存量空间出发进行公园城市实践的一次尝试，基于场地现有的优劣势分析，打造独具特色的城市环境（图4-18）。当今许多城市处在存量转型的关口，存量空间将成为实践公园城市的良好战略契机，以自然为媒触，通过梳理和重新整合资源的方式，改造消极空间，串联零散的公共空间，从而带动整个区域的更新提升，改变、改善人们的生活。

图 4-18　重庆龙水规划鸟瞰效果图

4.2 弥合城乡二元格局，打造综合增量空间
——中法合作园规划设计

　　城乡关系的二元化倾向是一个全球性的长期问题，早在 19 世纪，面对当时各种城乡问题和人们的生活环境问题，英国城市学家、社会活动家埃比尼泽·霍华德（Ebenezer Howard）（图 4-19）就提出了相关疑问。在著作《明日的田园城市》（*Garden Cities of Tomorrow*）中，他使用了一幅示意图，图中的地理"三磁石"分别是城市、乡村、城市 - 乡村（图 4-20），在图的中心是位居三者之间的人，而在人的下方，霍华德写下了这样的问题："人该往哪儿去？"。

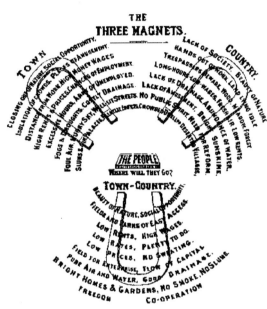

图 4-19、图 4-20　埃比尼泽·霍华德及霍华德农村城市"三磁石"©wikimedia

　　乡村与城市的关系，是所有国家的城市发展过程中都必须面对的问题。例如，对于霍华德时代的英国来说，由于缺乏政府政策的有效干预，短期内大量农业人口涌向城市，引发了公共卫生、就业、住房、交通等种种问题。[1] 另外一个突出事例则是第二次世界大战后的美国，随着经济复苏和城市发展，城市中蓝领和白领人口增多，则催生了郊区化，致使城市蚕食乡村，进行低效的无边际蔓延。[2]

　　而对于当今的中国来说，与大规模的城镇化相应而生的，除却城市迫在眉睫的存量空间转型问题以外，还有乡村的衰败，农村人口总数量与所占比例都在降低，农村与城市资源分配不均，呈现出严重的城乡二元化问题。

1　WALLER P J. Town,City, and Nation: England 1850-1914[M]. Oxford: Oxford University Press, 1983.
2　孙群郎 . 美国现代城市郊区化原因再探 [J]. 安徽大学学报，2004(4): 149-153.

乡村环境趋向恶化

一方面，由于城市无边界地蔓延，自然环境被不合理开发，乡村逐渐趋向郊区化，被城市边界侵蚀；另一方面，为供给足够的食品给城市，人们在耕地过程中过度使用农药与化肥，采用规模化养殖场等手段，对耕地与水造成了污染，影响城乡饮用水与食品的安全（图4-21）。

图4-21　受污染富营养化的农村池塘©Harald Groven, Flickr

城乡经济不对等，收入差距大

2019年全国城乡居民收入差距为2.64，北京市为2.55，浙江省为2.01，天津市为1.86，上海市为2.21[1]。虽然差距比以往已经有显著下降，但总体而言区域发展仍不均衡。

1　"十四五"如何实施乡村振兴战略：四区联动城乡统筹，促进城乡融合发展 [EB/OL]. 澎湃网，[2021-02-24]. https://www.thepaper.cn/newsDetail_forward_11444059.

图 4-22　广西桂林村庄里的老年人 ©ChrisGoldNY. Flickr

人口资源不对等

由于城市吸取乡镇的年轻劳动力，留守居民中老龄与幼龄人口居多，出现空心村等现象，致使乡村发展后劲不足，相应伴随的还有留守人群的社会及心理问题（图 4-22）；另一方面，教育以及其他资源不足，也导致乡村缺乏高素质的劳动力。

面对以上种种问题，弥合城乡二元格局，不但对于控制大区域的经济生态至关重要，更关系到城镇及乡村居民的生活幸福度。

与此同时，党的十九大也明确提出要"建立健全城乡融合发展体制机制和政策体系"，认为着力解决历史遗留的不平衡问题，促进城乡的融合发展，是实施乡村振兴战略的基本出发点。而在2017 年召开的中央农村工作会议中，更将"重塑城乡关系，走城乡融合发展之路"放在乡村振兴战略的第一位。[1]《国家乡村振兴战略规划（2018—2022年）》中也明确指出要"加快形成工农互促、城乡互补、全面融合、共同繁荣的新型工农城乡关系"[2]。

如何弥合城乡之间的二元分化，全面构建融合的城乡关系呢？公园城市的理念对此提出了相应的战略及解决方案。以公园城市为框架，城市增量发展需要强调人本属性，尊重乡村原有的在地肌理，以城乡居民的生活幸福感为根本出发点，将人及其生存空间作为一个整体来看待，在关注人民的需求的同时，将这些需求与生态文明的构建相结合，即以城乡居民的需求为导向，推动生态价值向美学价值、人文价值、经济价值、生活价值、社会价值的全方位转化，实现"以人为本"的综合服务功能的提升。[3]

将城乡作为一个整体来看待，意味着形成良好的城乡循环，其核心在于妥善处理城市、城市延伸带以及乡村之间的空间关系。中国人民大学经济学院院长刘守英认为，城市延伸带将会是我国"十四五"期间城乡融合的一次机遇，是从以人为本的角度出发，为产业延伸、人口居住以及生活休闲提供适当的场所。[4]特别是在当今的信息时代，正如乔尔·科特金在《新地理——数字经济如何重塑美国地貌》（*The New Geography: How the Digital Revolution Is Reshaping the American Landscape*）中所说的，"产业和财富向人才集聚，人才向优美的环境集聚——大城市郊区的宜居小城镇逐渐成为区域增长的中心"[5]，城市延伸带作为城市和乡村之间的缓冲地带，有别于传统的、侵蚀乡村的郊区，以良好的生态基底、合理的产业构建、充足的就业机会，在提供居住、就业与休闲娱乐等综合多元的功能的同时，吸引城市与乡村居民前往及在区域间自由流动。

其中，成都市川西林盘地区就是打造城市延伸带的杰出案例，也是公园城市建设中优秀的乡村表达（图4-23）。在林盘地区，成都市强调"可进去、可参与、景区化、景观化"的理念，保留原本"田、林、水、院"的生态格局，积极整合城乡之间的绿色资源和碎片化的生态资源；[6]以"农、商、文、旅、体"的综合产业形态推动该地区的经济发展，植入城市中绿色低碳的文旅业态，使其成为城市居民休闲度假旅游的好去处，也为乡镇居民提供优良的就业生活环境。

1　张海鹏.中国城乡关系演变70年：从分割到融合[J].中国农村经济，2019(3).
2　蔡昉，林毅夫.中国经济：改革与发展[M].北京：中国财政经济出版社，2003.
3　郑玉梁，李竹颖，杨潇.公园城市理念下的城乡融合发展单元发展路径研究——以成都市为例[J].城乡规划，2019(1): 73-78.
4　刘守英.城市会向乡村延伸，形成城市延伸带，成为城乡融合主区域——"十四五"期间城乡循环趋势[N].北京日报，2021-03-08.
5　乔尔·科特金.新地理——数字经济如何重塑美国地貌[M].北京：社会科学文献出版社，2010.
6　成都市公园建设领导小组.公园城市——成都实践[M].北京：中国发展出版社，2020.

图4-23 成都林盘：温江幸福村 © 中共成都市城乡社区发展治理委员会

笛东同样认为，以公园城市的方式在城乡之间打造综合的增量空间，使其成为城市延伸带，使城市与乡村在这里融合，将是弥合城乡二元分化、实现融合的一次好机会。这样的城乡融合应以满足城乡人民的需求为前提，实现从小康到富裕的跨越，为人们提供舒适的环境，乃至自我价值实现的机会；同时，为了弥合城乡的劳动力差距，使得乡镇具有长久不衰的活力，也应创造更多更好的就业机会和选择权利，留住乡村的年轻人。

笛东以这样的理念展开了锦江乡中法田园小镇的规划。该项目位于成都市和眉州市边界，项目占地34平方千米，距离成都市区40千米（驾车约1小时）、成都天府新区19千米、眉山市区26千米（图4-24）。作为成眉边境的重要门户乡镇，锦江乡有着政策与交通的多重机遇，与此同时，它也面临着种种环境问题及产业发展的瓶颈。在进行中法田园小镇的规划时，笛东考虑到这个项目位于城乡之间的特殊地理位置，根据人的需求层次金字塔，就其空间发展方向、产业结构构思及经济模式转型，提出了相关的策略。

笛东首先对在场地中建设增量小镇的主要障碍进行了评估，其中包括：外围为快速交通，缺乏节点将交通导入锦江乡，无法通畅地进入，可达性差；区域连接不充分，临接天府新区的边界较短，二者联系较弱；产业低端，主要以农业为主，旅游业仍然在萌芽阶段，缺乏具有竞争力的核心产业；场地自身人口不足，经济水平整体不高，人口基数低、缺乏高素质人才，不具备承接高端产业的条件（图4-25）。

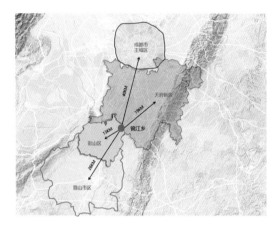

图 4-24 锦江乡中法田园小镇区位

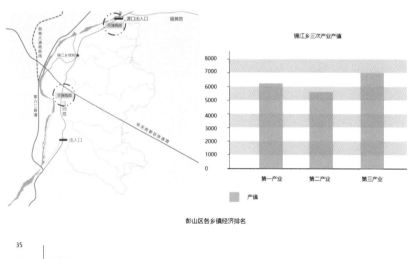

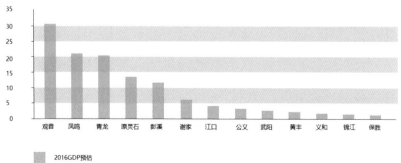

图 4-25 锦江乡中法田园小镇场地的交通、产业及经济瓶颈

● 面临这样的挑战,笛东首先确定以实现城乡全体居民的安居为前提,建议采用"以人为本"的人口策略,形成城乡共赢的人口模式:一方面,对成都外溢人口进行接纳,对大城市人口进行疏散;另一方面,保障在地居民 / 村民的生活,促进居住升级、保障工作岗位、形成产业合作体系(图4-26 ~图4-28)。

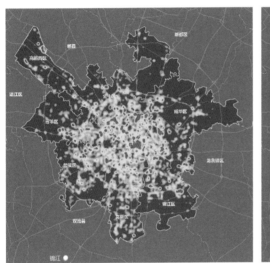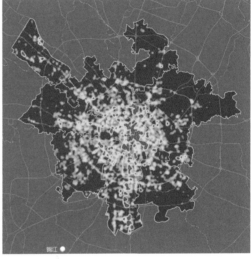

图 4-26 百度热力图上显示的成都外溢人口

图 4-27 利用外溢的人口形成良好的人口流动

构建良好的基础设施条件，布局完善的交通体系

　　建立与成都和其他地区的直接交通联系，引快速道路入锦江，次要道路环状布局，并在区域内布置四横三纵的生活道路网络，实现内联外展，弥合差异（图4-29）。

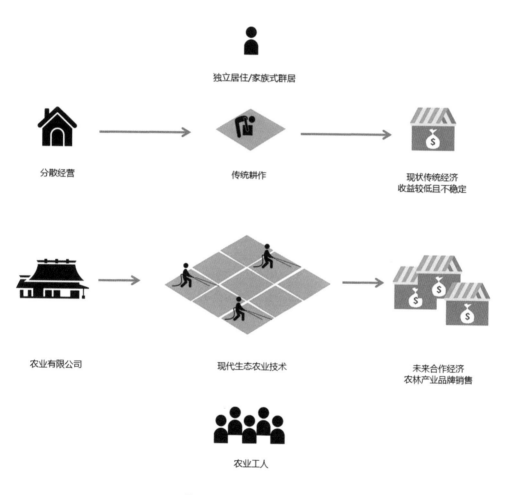

独立居住/家族式群居

分散经营　　　　　传统耕作　　　　　现状传统经济
　　　　　　　　　　　　　　　　　　收益较低且不稳定

农业有限公司　　　现代生态农业技术　　　未来合作经济
　　　　　　　　　　　　　　　　　　农林产业品牌销售

农业工人

图4-28　构建在地居民新的就业模式

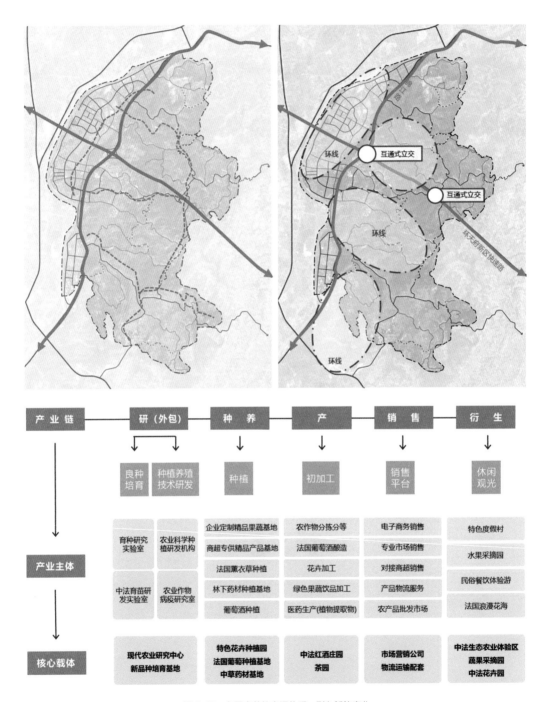

图 4-29 布置完善的交通体系、引入新的产业

以实现小康为目标，引入新产业，再造新镇

　　第一，利用城市延伸所带来的机遇，与成都地区形成经济上的区域联动，承接大城市外溢的高端产业及人才；第二，发掘保护锦江乡现有的旅游以及生态资源；第三，引入特色资源，以中法合作为契机，将法国的优势产业及文化引入锦江，形成以旅游为基础，文化、健康及特色农业为支撑的完整产业模式，以"康养休闲原乡"为愿景对中法田园小镇进行规划建设，从而建设可成为区域增长中心的大城市郊区的宜居小城，实现城乡共赢。

保护生态本底，重点打造宜居环境，使得该设计成为公园城市的乡村表达

　　对区域内的滨江环境进行设计，重塑生态格局，以传统川西林盘村落为灵感进行布局，让林、田、村（生产、生活、生态）相互交织，将场地空间单元分为田园组团、林盘组团（田园组团相距250~450米，组团直径400~500米），严格控制开发强度：低密、中密、高密依次阶梯状分布，疏密有致，为城乡居民提供田园牧歌般的法式生活（图4-30）。

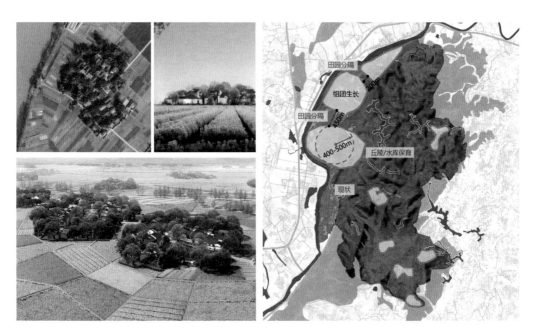

图4-30　保护当地生态本底

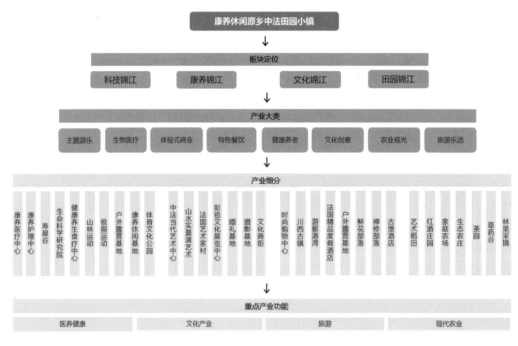

图 4-31　中法田园小镇产业布局

围绕田园、科技、康养、文化四个主题展开的锦江乡建设，将成为中法农业示范合作、城乡居民文化交流体验区、成都南部生物医疗科研高地，以及成渝都市群健康养老首选目的地，成为集生态与产业为一体的城市延伸带（图4-31）。该项目以公园城市为出发点，以生态为基底，人民为根本，塑造一体化共生的城乡关系，将城市和乡村的优势进行有机结合，实现二者利益互换、功能互补以及资源共享（图4-32、图4-33）。

城市与乡村资源分配不均，引发了各种环境以及民生问题。城乡问题的解决是一个漫长的探索过程。19世纪的霍华德以田园城市理论作为解答，提出将城市和乡村结合起来，建立大小约为2400公顷的田园城市，让田地与花园包围人类的居住场所，这是城市延伸带的早期尝试。而如今，"公园城市"将为当代的城乡问题提供一份更为完善和完整的解决方案。

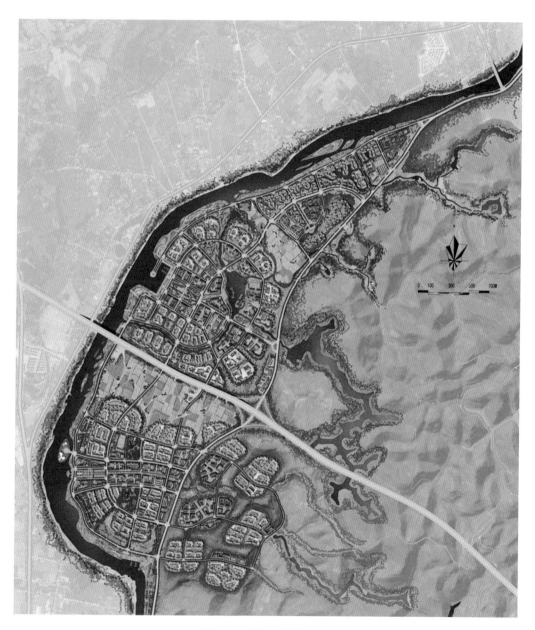

图 4-32　中法田园小镇总平面

图 4-33　中法田园小镇渲染图

4.3 人性化的社区公园，邻里生活超级绿芯
——广州万科尚城南公园景观设计

和早期城市化过程相比，当代人的人口结构以及生活方式已然发生了巨大的改变：

- 全球特别是中国的老龄化趋势对社会提出了巨大挑战（图4-34）。我国老年人口比例预计将从2010年的12.4%（1.68亿）增加至2040年的28%（4.02亿）；到2050年左右，其数量将会到达最高值，每3人中就有1位老年人。与此同时，环境恶化和生活方式转变所造成的老年人的身体及心理问题也更令人担忧。目前我国超过1.8亿老年人患有慢性病，患慢性病比例高达75%，这些老人如何应对逐渐恶化的环境，也将成为严峻的问题。[1]

- 据联合国2014年的预测，直至2030年60%的城市居民的年龄都将在18岁以下。然而，当前的城市环境建设尚未对日益增长的未成年人比例作出应对。[2]波哥大的市长、著名的城市改革实践家贾米·勒讷（Jaime Lerner）曾说："儿童是这样一种有着明示作用的群体。如果一个城市对于孩子来说是成功的，那么它对于所有人都会是成功的。"未来我们应如何建设对孩子友好的城市环境，也将是一个关键的问题。

图4-34　城市公共空间中的老年人群©Gauthier DELECROIX. flickr

1　老年人慢性病患病率[EB/OL]. 中华人民共和国国家卫生健康委员会.

2　World Urbanization Prospects: The 2014 Revision[EB/OL]. United Nations Department of Economic and Social Affairs, Population Division. [2017-09-09]. esa.un.org.

● 对于大多数正值青壮年的城市居民来说，大城市生活节奏快，工作压力大，城市拥挤的环境以及自然和休闲空间的缺乏引发了一系列生理及心理疾病，其中，近十年来精神疾病患者增速约18%（图4-35）。根据估算，到2019年为止中国患抑郁人数逾9500万。[1]

图4-35　城市的生活环境：高峰时期的北京地铁 ©Jens Schott Knudsen. Flickr

面对这些人与生活环境的改变所带来的要求与挑战，人性化的景观及公共空间设计则显得尤为重要。人性化的设计是指在设计过程中以人为本，针对人的体验及需求展开设计，从而满足使用者生理与心理、物质与精神的多重需求，实现良好宜居的城市环境。

总的来说，规划设计师可以从以下三个方面介入，实现人性化的景观设计（图4-36）。

1　2019中国抑郁症领域白皮书 [N/OL]. 中国发展简报 . [2020-01-2]. http://www.chinadevelopmentbrief.org.cn/news-23787.html.

物理层面的人性化

从功能性和理性出发，注重物理空间的合理布局与功能的有效使用，为人们提供舒适空间的同时，配置各类设施以满足人们不同的活动需求。

心理层面的人性化

在构建物理空间形态的同时，关注使用者的心理与情感，使得人在场所里拥有安全感与归属感。

精细与个性的人性化

对不同人群进行细分，试图理解与满足人们多样化的需求，并确保各群体之间的活动不相互影响，推行无障碍设计，关注弱势群体，让儿童、老人、残疾人等都能很好地享受户外公共生活。

另一方面，社区公园在公园城市的系统中虽然规模尺度小，却是介于家与正式公共空间之间的连接及过渡场所，对提高人们的生活及休闲活动的质量、激发城市活力将起到关键作用（图4-37）。

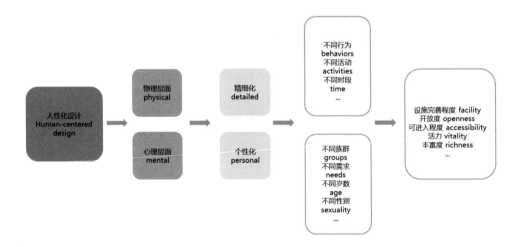

图4-36 从不同层面实现人性化设计（由编者绘制）

扬·盖尔（Jan Gehl）在其著作《交往与空间》中指出，我们每日所参与的公共活动可以分为必要性活动、自发性活动和社会性（社交）活动[1]。必要性活动是指我们在生活中每天都必须参与的主要活动，一般与步行有关；自发性活动是指当周围环境适宜时才会发生的活动，它依赖良好的天气和场所作为催化剂；社会性活动，是指当必要性和自发性活动发生时相应伴随的与他人互动的活动（图4-38）。对于一个社区中的居民来说，如若周边环境恶劣、缺乏公共空间，人们只会进行必要性活动。社区公园的存在，可以有效促进自发性和社会性活动的产生，进而激发城市环境的活力。

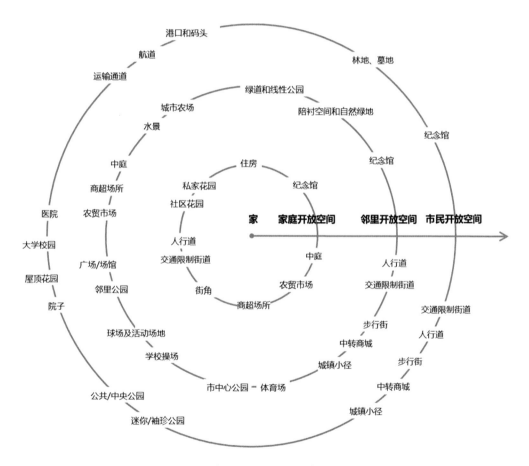

图4-37　家与社区公园之间的关系（由编者绘制）

————

1　扬·盖尔. 交往与空间 [M]. 北京：中国建筑工业出版社，2002.

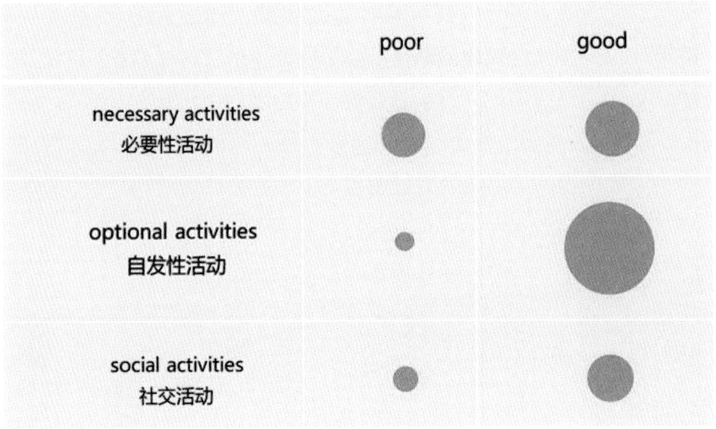

	poor	good
necessary activities 必要性活动	●	●
optional activities 自发性活动	·	●
social activities 社交活动	●	●

图 4-38　扬·盖尔的三种活动与环境质量之间的关系 ©Jan Gehl, Life between buildings

社区公园的多重价值是显而易见的。在著名城市学家简·雅克布斯（Jane Jacobs）的书《美国大城市的死与生》中，早就提及街区公园对于整个街区的安全以及人们生活的重要性。另一个例子是第二次世界大战后的荷兰建筑师阿尔多·凡艾克（Aldo van Eyck），他在执业的三十年间，为阿姆斯特丹修建了超过 700 个小型社区游乐园，这些沿用至今的社区公园为当时的孩子们留下了宝贵回忆，更成为城市的一笔宝贵的财富（图 4-39）。更有研究显示：

- 社区公园将为老人及孩童提供安全、友好、宜人的社交活动环境，有益于他们的身心健康；
- 社区公园对于精神疾病、孤独症、抑郁症有很好的疗愈作用；
- 社区公园除却社会价值，也有其商业价值。首尔的一项城市研究数据显示，社区公园提高了城市居住环境的质量，从而提高了人们的生活质量，吸引商业入驻，从而也相应提高了周围物业及地块的经济价值。[1]

1　Haesol Kim, Kim Ki Joong, Lee, Seungil. Analysis of the Relationship between the Distance from the Neighborhood Park and the Land Price Change Rate by Urban Regeneration Type: Seoul as a Case[J]. Journal of Korea Planning Association, Vol. 55(1): 22-34.

图 4-39　阿尔多阿尔多·凡艾克的社区游乐园

公园城市虽然是一个宏观理论，但是其构建是为了每个个体的生活，面向老人、孩子、年轻人等不同人群，与真实的社会语境对话，而社区公园就是这种对话的最前线，将"把公园带给人们"的口号付诸实践。社区公园的设计，需要注意以下几点：

● 满足不同人群需求：人们对周边的空间都有着不同程度的生理及心理需求，这些需求是创造多元化社区公园的依据，它能在不同时间吸引多样化的人群为各自的目的而来，创造有活力的空间场所。

● 对细分人群的关怀：研究显示，不同社会、经济与文化背景下，群体对于可达性的感知往往呈现出异质化特征。除了社会经济因素，不同教育与文化背景的人群对景观类型有不同的偏好。

此外，年龄与个体感知和需求也有一定的相关性[1]。设计时应完善人性化的设计细部，使得景观更适于多种人群，特别是如老人、儿童和残疾人等弱势群体，例如安置足够的休憩座椅、做铺装防滑处理、采用安全的台阶尺寸以及布置合理的残疾人通道等细节都至关重要。

- 合理布置城市功能区块，形成舒适的环境以及完善的交通系统，创造良好的可达性，使得使用者能够方便地到达场地并使用其中的设施和空间。

- 加强空间的可参与性，创造丰富多彩的活动及体验，促使人参与其中、亲身体验公共空间中的精彩生活。

笛东在万科尚城南公园的设计中强调了人性化的设计及社区公园的重要性。尚城南公园面积为1.8万平方米，位于广州黄埔区黄埔东路与丹水坑路交会处以北，临近地铁13号线，是广州市外围交通便利的居住地（图4-40）。

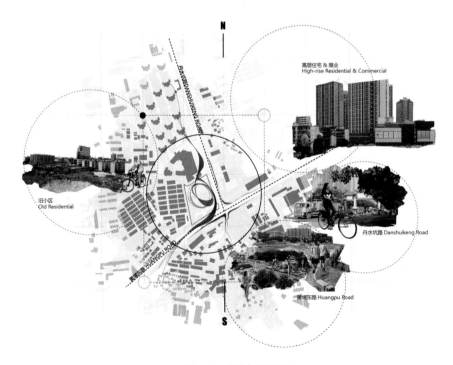

图4-40　尚城南公园区位

1　张婧远，陈培育.面向城市公园的感知可达性研究进展述评与人本规划思潮下的应用启示 [J/OL]. 国际城市规划 1-14, [2021-03-04].

笛东在进行设计之前,以基地为圆心,对其一千米范围即 10 分钟步行范围内的城市情况进行了详细的调研和测绘,发现周围分布有工厂、学校及商业,业态及配套设施相对丰富,但是布局缺乏系统性规划、相对散乱(图4-41)。虽然在基地的西北方向存在一处依山地而建的公园,但公园内部设施都已老旧,缺乏合理的维护。总体而言,整个区域的居民缺乏供他们活动休闲的充足的公共空间及开放绿地。

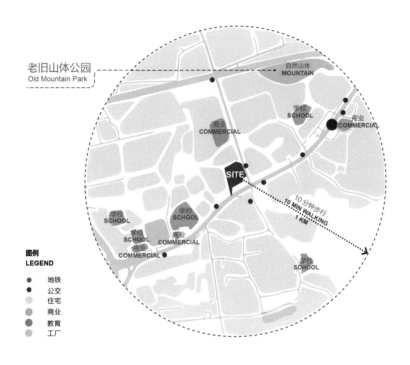

图 4-41 尚城南公园基地分析

同时,尚城南公园也是各种城市肌理交会的地方,其西北侧为新建的高层住宅,西侧为老旧小区,东侧为城中村。考虑到未来场地所承载的活动和使用人群的复杂性,对于设计师来说,如何对场地进行定位是需要认真思考的问题(图4-42)。

笛东希望将来公园的使用者的人群构成丰富，除本地家庭外，还能吸引商务人士、休闲人士和其他来访人群，使公园不但辐射到社区内，还辐射到社区以外（图4-43）。建成后的公园将会为拥有不同经济收入和社会背景的人们服务，成为真正的共享公共空间。笛东也希望建成的公园可以承担多重功能、拥有多元定位。

绿地斑块

成为城市绿地系统建设和生态环境建设的重要部分，为城市发展提供生态基础、休闲娱乐及缓冲空间。

社区邻里休闲中心

设计师充分考虑了周围居民的需求，包括他们活动的多样性和相关场所的便捷度，使得年轻人有充足的运动休闲空间，老年人有理想的漫步养生空间，孩子们有安全的游戏成长的空间，所有人都可以在这里找到适合自己的活动场所。

激活周边城市环境

为周边的不同人群提供了一个良好的开敞空间，可以进行文化及展览活动，也可为周围商业提供商业活动的空间，激活地块之间的联系及城市局部环境的活力。

在设计时，为了更好地服务社区内外，笛东采用了以下策略。

增强场地可达性

对于一个人性化的社区公园来说，场地的可达性是非常重要的。设计前，笛东分析了主要交通及人流来向，从而精准地设置公园的主要入口（图4-44）。

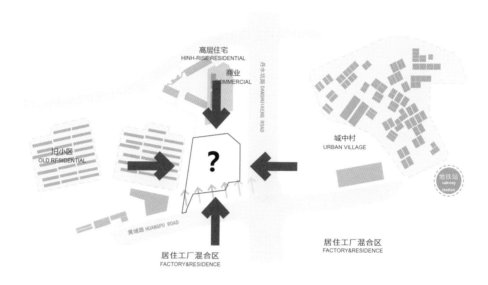

图 4-42 尚城南公园定位

LOCAL RESIDENT 本地家庭	BUSINESS MAN 商务人士	RESTING CROWD 休闲人士	PURPOSEFUL POPULATION 目的性人群
活力 VIGOUR	活力 VIGOUR	活力 VIGOUR	活力 VIGOUR
时段 TIME 夜晚/周末	时段 TIME 工作日	时段 TIME 夜晚/周末	时段 TIME 特定时段
空间需求 FUNCTION 儿童活动/亲子休闲 日常健身/娱乐活动	空间需求 FUNCTION 休闲/洽谈	空间需求 FUNCTION 休闲/放空	空间需求 FUNCTION 多功能/可变性

图 4-43 尚城南公园基地人群分析

图 4-44　增加可达性

参照场地周边其他用地性质，因地制宜地分布功能

公园不仅仅是绿地，而且承载复合的功能。北侧毗邻商业及居住区，成为周边活动拓展的区域；东侧临近主要道路并沿街布置绿化，使之成为与喧闹的交通之间的缓冲带；西侧面临居住区，布置社区所用的休闲空间，承载体育锻炼等活动与功能；东南角为两条道路交叉口，布置街角广场，便于人群集散（图 4-45）。

合理规划流线

在场地中心以一条景观大道串联南北交通，设置引导人流的轴线，联系不同功能，为人们提供有向心力的公共活动场所。同时，配合辅助的次级休闲道路，形成外围安静的漫步道（图 4-46）。

图 4-45　根据场地周边性质配套功能

图 4-46　合理规划流线

设计生成过程如图 4-47 所示。建成后的尚城南公园，拥有面向老旧小区的生态花园及运动休闲的户外场所，面向商业的户外剧场与互动喷泉景观，以及儿童活动场所和色彩艳丽的艺术景观，使之成为孩子们快乐玩耍、周围居民欣然到访的社区公园；同时拥有复合性和动态性的多功能草坪，承载如露天音乐节、车展／商展、艺术展览、创意集市以及户外教育等丰富的城市活动（图 4-48 ～ 图 4-56）。

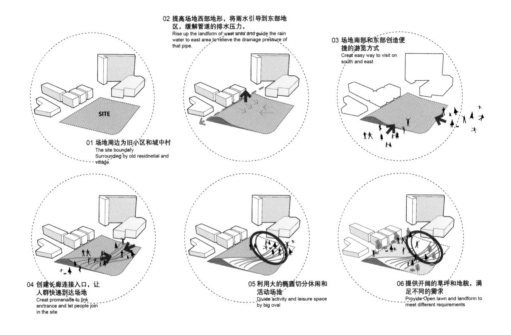

图 4-47　设计生成过程

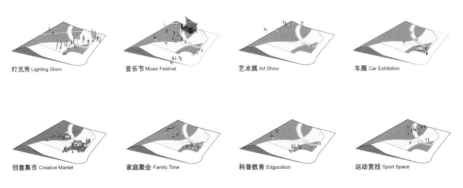

图 4-48　多功能的空间

图 4-49 功能分布

红线面积：19024㎡
Redline area: 19024 square meters
硬质铺地面积：8496.41㎡
Hard pavement area: 8496.41 square meters
绿化面积：10527.59㎡
Green area: 10527.59 square meters
软硬百分比：3/2
Soft and hard percentage: One and a half

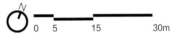

0   5   15   30m

图例 LEGEND

01 原铺装广场
    ORIGINAL PAVING PLAZA

02 人行漫步道
    THE PROMENADE

03 林荫休闲空间
    SEATING DECK AREA

04 下沉绿地
    SUNKEN GREEN

05 亲子游乐场
    KIDS PLAY AREA

06 多功能剧场
    MULTI-USE AMPHITHEAT

07 开放草坪
    OPEN LAWN

08 艺术地形
    LANDFORM

09 活力运动场
    FITNESS AREA

10 实验花圃
    EXPERIMENT FIELD

11 绿化带
    GREEN BUFFER

12 住宅
    RESIDENTIAL

13 新建商业
    NEW COMMERCIAL

图 4-50　尚城南公园总平面

图4-51～图4-53 尚城南公园建成照片——人与社区公园

图 4-54　尚城南公园建成照片

图 4-65　尚城南公园建成照片

图 4-56　尚城南公园建成照片——夜景

4.4 总　结

人一直是城市的中心。早在 18 世纪，法国思想家让·雅克·卢梭（Jean-Jacques Rousseau）在《社会契约论》中就指出："房屋只构成镇，市民才构成城"（houses make a town, but citizens make a city）[1]。也就是说，城市作为一个空间不仅仅是由实体的建筑组成，它还赋予人以权利与生活。

直至 20 世纪初，美国芝加哥学派的社会学家帕克（R. E. Parker）也曾说过，"城市已同其居民们的各种重要活动密切联系在一起，它是自然的产物，而尤其是具备人类属性的产物"[2]。他认为，城市是人活动的产物，是人类特征的表现形式。在 20 世纪 70 年代，简·雅各布斯也曾指出，正是人与人之间的活动与生活场所相互交织的过程，才形成了城市生活的多样性，使城市获得了活力[3]。我国当代建筑学者单文慧也认为："城市的本质是人的聚集，是群体与个人的活动网络构成了城市的深层结构，也是城市具有活力的真正原因"。[4] 人是城市形成的原因、基础以及活力来源，而对于城市的研究与规划设计，都必须始于城市的主体——人。

从人性化角度出发，以不同的手法来塑造多样化的城市和公共空间，满足不同人群的需求，最终才能有效激活城市的诸多功能，形成富有吸引力的、宜人的城市。反之，缺乏对人的考虑，则会引起各种环境及社会问题。在宏观层面，这将会影响到整体社会的交通、经济、就业等问题，使得城市发展缺乏动力；在微观层面，在设计中忽略使用者的行为需求，则会导致公共空间尺度失真，使得许多公共场所"夏不可遮阴，冬不可御寒"，成为无人问津的公共"死角"，从侧面而言也是一种空间与社会资源的浪费。

上文从不同尺度以及不同的城市发展阶段论证了人对于公园城市规划与设计的重要性，并列举案例分析了如何从公园城市的角度切入人本设计，使得城市从大尺度的规划格局、梳理存量与增量空间到小尺度的社区公园，都符合人的生活生产的需求；在修补生态的基础上，由城市的修补拓展至城乡二元分化的弥合，让城市从"硬件"到"软件"都能焕发活力和生机。

景观设计及规划不仅是一门学科和一个行业，公园城市的理念也不仅仅是很抽象的理论，而是具体、真切地对人的生活及场景进行塑造。因此，我们要重新回归人性，强调以人的需求与身体的尺度去设计与建造城市。相信有一天，凭借着规划设计师与各方的共同努力，人们能够实现真正的"公园城市"的诗意栖居。

1　Jean-Jacques Rousseau. Du Contrat Social, Éditions Sociales[M]. Paris, 1968.

2　R.E. 帕克，E.N. 伯吉斯，R.D. 麦肯齐. 城市社会学 [M]. 宋俊岭，吴建华，王春斌，译. 北京：华夏出版社，1997.

3　Jacobs J. The Death and Life of Great American Cities[M]. New York：Vintage Books, 1961.

4　蒋涤非. 城市形态活力论 [M]. 南京：东南大学出版社，2007.

特色空间营造，驱动文化与经济持续发展

特色空间营造，
驱动文化与经济持续发展

应对城市风貌特色的缺失

自然地理环境、社会与经济因素及居民的生活方式，随时间的积淀和动态的发展，将形成城市既成环境的文化特征，亦即其风貌特色[1]。

然而，自20世纪90年代以来，虽然中国城市设计已逐步建立一套全面的技术指标且日益成熟，但在实践过程中，不乏生搬硬套、忽视在地性的做法。如今，无论是城市的自然环境保护，抑或是其历史文化传承，均上升到了国家战略高度。为实现生态文明下"美丽中国"的愿景，城市应当充分展示其独特多元的形态肌理、发展模式和文史印记，突破旧城市化模式风貌特色尽失的瓶颈。

在著名城市规划学者凯文·林奇（Kevin Lynch）的眼中，"一个好的聚落应该具有如下能力：能够增强一个文化的延续、持续其种族的生存、增加时间与空间的关联、允许或激发个体的成长等，这是一种基于持续性、通过开放和相互之间的联系上的发展"[2]。如前文所述，公园城市建设以生态价值为先，再通过人本角度打造高质量、活力强的城市生产生活空间。践行公园城市理念，终将意味着城市通过良好的设计营造自身特色和风貌，在建立自然生态优势和生活宜居导向的共享格局之上，推动生态价值的创新转化，扩大城市独特的文化与经济影响力，使之成为驱动全方位、可持续发展的关键力量。

挖掘在地化的空间基因

如何对公园城市进行在地化诠释，其关键首先在于了解其"空间基因"的构成。东南大学段进院士及其研究团队纵观国内城市化的历程，从城市空间发展论和国际形态类型学的视角出发，总结出城市空间在互动与发展中存在的"空间基因"现象[3]。生物学中，基因储存着生物演化的信息，精确且稳定地传承生物的性状；在城市空间当中，也存在稳定的空间组合方式，指导空间干预的方向。"空间基因"一旦被破坏，将让地方特色消失，或带来不可逆转的变化[4]。因此，为了构建具有地域特色的公园城市，首先需识别在地的"空间基因"（图5-1）。

1 马武定. 风貌特色：城市价值的一种显现 [J]. 规划师，2009, 25(12): 12-16.
2 凯文·林奇. 城市形态 [M]. 林庆怡，陈朝晖，邓华，译. 北京：华夏出版社，2001.
3 段进，邵润青，兰文龙，刘晋华，姜莹. 空间基因 [J]. 城市规划，2019, 43(2): 14-21.
4 邵润青，段进，姜莹，钱艳，王里漾. 空间基因：推动总体城市设计在地性的新方法 [J]. 规划师，2020, 36(11): 33-39.

纽约高辨识度的网格状街区布局，构成其繁荣城市生态的空间基因
图 5-1　纽约街景 ©Brandon Jacoby, Unsplash

"空间基因"不仅决定着公园城市的生态基底和空间格局，同时也孕育着具备地方特色的高附加值产业，是推动城市内生式发展（Endogenous Development）的重要元素，即在保持和维护本地生态环境及文化传统的同时，强调人、环境、文化、生态的多元化发展内涵，培养地方基于内部的生长能力，而非过度依赖外部力量，例如外生的技术进步和外资等[1]。特色产业需要依托空间和生产要素才得以发展起来，是反映当地气候、地理资源、人文历史、传统技艺、种族风俗的经济活动，其类别涵盖加工食品、文化工艺、创意生活、节庆民俗、在地美食等。探讨特色产业发展的路径和模式，有助于克服和突破区域发展条件的局限，营造消费场景，形成更有规模且可永续经营的经济体，是完善公园城市建设理论的重要一环。

发展内生型的文化经济双繁荣

　　在现代化城市中，文化旅游是一种重要的特色产业，也是本章关注的重点。一方面，开发与利用具备地域性特色的文化资源，能够促进城市文化的识别保护与繁荣发展；另一方面，文化旅游也是城市文化的窗口，城市借此得以更好地树立城市文化对外品牌形象（图 5-2）。[2] 2020 年《政府工作报告》强调持续扩大内需、提高居民消费意愿和能力、推动经济发展方式加快转变的重要性[3]。当代城市文旅的发展，能够助力市县扩大内需的政策目标，这与公园城市建设模式的可持续性也息息相关。

　　本章的探讨将根植于在地性，通过分析四个案例及其各自的"空间基因"与地缘文化属性，归纳出生态保护型、民俗特色型、城市名片型三种不同空间类型，重点关注如何发展以文旅为特色产业的空间策略，探讨笛东如何通过规划与设计彰显地域风貌特色，从而提升公园城市在文化与经济层面的潜力、活力和辐射力。

1　向延平. 区域内生发展研究：一个理论框架 [J]. 商业经济与管理，2013(6): 86-91.
2　高原. 文化 IP 在城市文旅产业中的设计应用 [J]. 艺术科技，2019, 32(8): 100-101.
3　国务院关于落实《政府工作报告》重点工作部门分工的意见 [EB/OL]. 国发〔2020〕6 号.

以文化旅游产业闻名于世的欧式古城

图 5-2　哥本哈根新港运河 ©Nick Karvounis, Unsplash

5.1 拓展生态保护型文旅的消费场景，创多赢格局
——象山港区域总体空间设计

　　公园城市理论可以应用到不同的空间类型，其中包括以生态保护为重的国家公园规划和设计。"国家公园"（National Park）的概念，最早由美国艺术家乔治·卡特林（George Catlin）于1832年提出。该概念通过国家政策法规划定需要特殊保护、管理和利用的自然区域，同时进行较小范围的适度开发，为生态旅游、科学研究和环境教育提供场所，实现大范围的有效保护[1]。随着1872年世界最早的国家公园——美国黄石国家公园的建立，加、英、德、韩、日等国也开始打造国家公园体系（图5-3）。国家公园模式旨在在资源保护与开发利用、生态环境与旅游消费之间取得平衡，这与公园城市理论所强调的生产、生活、生态"三生融合"理念不谋而合。

保育与开发并举的国家公园发展模式

图 5-3　美国黄石国家公园 ©Paula Hayes, Unsplash

　　2013年，我国首次从国家层面提出建立国家公园体制，是生态文明体制改革的重要任务之一，随后逐步建设国家公园并深化全国试点期实践，截至2020年已初步形成国家公园总体布局，并颁

1　景峰.国家公园政策"路线图"[J].中国投资（中英文），2020(Z8): 34-35.

布了《国家公园总体规划技术规范》。在国家公园蓬勃发展之际，近年来各地政府也更为关注生态旅游景区的开发。然而，目前相应的旅游规划设计风格相近、景观趋同，未充分考量设计对象场地的在地特征，导致自然形态特点与历史文脉缺失和空间格局不科学合理等问题[1]。

如何以创新的视角，平衡文旅资源开发、生态环境保护和生活品质保障等不同要求，同时保有并突显地域特色，是生态保护型公园城市规划设计的难点。笛东认为，对于规划区域的自然资源本底和空间特征进行判读、提炼关键的"空间基因"十分关键，再根据资源保护和宏观发展的诉求，明确区域内功能空间发展导向。在微观的城市设计层面，应当把控区域整体景观风貌，通过明确重要区块、廊道和节点要素，塑造空间特色体系，服务于特色产业的发展。

例如，由笛东主持的象山港区域总体空间设计，以营造"国家海湾公园、山海文化聚落"为主题。国家海湾公园是国家公园的主要类型分支，将生态保护和文化旅游两个要素紧密结合在一起。象山港位于长三角南翼，是浙江省中部、山海之间的沿海开放空间，长61千米，岸线总长约400千米，属自东北向西南深入内陆的狭长半封闭海湾。规划区域内含象山港，三面环山，以丘陵山地为主，自然和人文禀赋优越，不仅是浙江省内四大重大生态保护型湾区之一，同时也拥有丰富的海洋渔业、海洋旅游和临港产业资源（图5-4）。

图5-4　象山港区域总体空间设计范围

1　李婷. 国家公园的旅游规划与风景设计——评《旅游规划与设计——国家公园与风景名胜区》[J]. 人民长江，2020，51(7)：236.

但是，象山港规划范围广袤，且分属于不同市县区管辖，需要协调的领域更为复杂，涉及土地利用、综合交通、海洋功能区划、生态环境、海洋污染治理、历史文化保护、城市绿道、区域空间保护利用、渔业、旅游、工业、船舶制造、电厂等多方面的内容，在生态、生产和生活上有着明显的矛盾冲突（图5-5、图5-6）。

象山港区域多样化的空间利用现状
图5-5（左）　供船舶停靠的港区
图5-6（右）　片区内的村落

国际上，与象山港区域相近的港湾曾凭借其独特的区位拥有巨大的发展潜力。例如，美国西雅图依托港湾建设成为集经济、文化、旅游多种功能为一体的综合型国际都市；比利时安特卫普凭借工业集中的优势发展为港口综合型都市；加拿大温哥华因其丰富的自然和人文资源，依托港湾、河口发展成为具有当地特色的旅游城市（图5-7）。

目前象山港区域现存的规划缺乏明确的框架体系，其生态潜力仍有待发掘（图5-8）。一方面，各个层面的规划都从各自角度出发提出发展与保护的要求和建议，相互之间没有呼应形成体系，各个规划间形成了设计的重叠和矛盾，无法对自然和人文资源的开发和保护进行完善统筹。另一方面，仍缺乏关于生态和特色风貌的规划，并未充分探讨象山港区域的生态价值创新，当地产业和经济发展缺乏核心驱动力和区域辐射力。

图 5-7　具备港口特色的国际旅游都市温哥华 ©Lee Robinson, Unsplash

图 5-8　蓄势待发的象山港港区 © 象山发布

在前期的调研过程中，笛东先对当地的自然、人文和功能性景观进行剖析，从而就象山港区域空间的现状进行详细的判定。

自然禀赋

目前水域淤积情况较为严重，存在海水与河流的污染问题；围垦导致岸线曲折程度降低，减弱岸线空间景观效果，同时岸线利用碎片化，空间景观特色不突出，绿化率偏低，生物多样性偏弱，影响生态景观环境，其功能与所处空间环境的协调度不高；海岛和湿地等生态资源丰富且具有当地特色，需要有针对性地予以保护。

人文禀赋

当地文化基因依托于特色村落，主要集中在深甽、奉化和西沪港，可划分为山水风光、文化遗产、旅游设施、历史名人和农林渔五大类别，但整体建筑情况较差，依河而建；象山港区域有四百多年的海水养殖历史，同时各镇有众多宗族祠堂，以渔业文化和宗族文化为主要文化代表，但呈现片段化分布；另外，当地农田整体分布较零碎，主要分布在大嵩江平原、其他平坦地形处和山间平坦地区，区域内多为山体，平坦腹地少，稻田属于当地的异质性景观。

功能禀赋

当地的道路乡土性景观效果较好，但缺乏绿道系统，影响空间景观可视性。另外，工业分布广，需要对工业进行整合，保持生态，减少工业斑块；莼湖、强蛟、滨海新城应依托本地优势进行建设，当地电厂和船厂的运营影响水质。

笛东在全面分析象山港区域的自然禀赋、文化禀赋和功能禀赋后，希望通过提取区域的特色空间基因，系统地整合区域内较为碎片化的景观资源，解决生态污染问题、加强保护高质量海岸，尽可能控制住岸线、保持它的稳定性，划定红线以保护岸线、湿地和海水的交换能力，保持生态和发展共融。在这些原则的指导下，方案重塑了象山港区域的山海空间格局，通过廊道的建立增加孤立斑块间的连通，其中包括 11 条主要廊道和 12 条次要通廊（图 5-9）。

山体主要通廊

以山脊线为生态廊道，保持植被的生态涵养，成为鸟类过境通廊。

水体主要通廊

以主要水系和湿地为生态廊道，成为生物多样化的聚集通廊。

次要通廊

主要依据小的山脊和水系形成。

图 5-9 重塑象山港区域的山海空间格局

　　在修复和增强当地生态功能的同时，笛东建立以生态保护为先的区域发展框架，提出基于理想生态格局的城镇增长格局（图 5-10）。运用生态承载力、水资源承载力及安全生态格局等多种计算方法，最终确定能够保证区域高生态安全水平的理想建设规模为 230 平方千米，占陆域面积的12.95%。

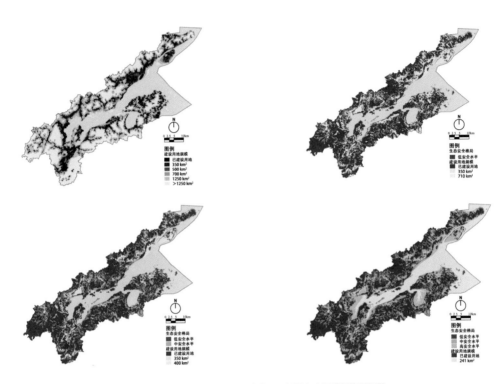

图 5-10　基于不同生态格局下的城市空间发展格局预景

　　而在这个发展框架中，打造具备独特吸引力的海岸生态保护型文旅定位，是这个设计方案的一大亮点。2020 年，一项有关游客出游意愿的调研指出，滨海度假休闲是国内旅客最为喜爱的旅游产品[1]。从消费场景相关理论的角度来看，消费场景的本质是重新构建"人、物、场"的连接方式，消费主体所处的物理环境，是影响其消费行为发生的重要因素之一，而物理空间的改善与提升，将有利于推动消费场景和体验的创新[2]。在公园城市的视角下，随着生态与生活环境的改善，对城市进行特色化、主题性强的品牌形象营造，将大大增加其聚集效应和附着力，尤其是通过文化和旅游的相互赋能，带动消费升级[3]。这为象山港区域的未来可持续发展奠定了基调。

1　艾威联合旅游顾问机构，中国康辉旅游集团 & 亚太旅游协会. 疫情过后游客出游意愿调研报告 [EB/OL]. 2020.
2　刘琼. 公园城市消费场景研究 [J]. 城乡规划，2019(1): 65-72.
3　仲量联行 & 第一财经. 新文旅时代：消费升级与去地产化趋势下的产业创新发展 [EB/OL]. 2018.

笛东希望通过因地制宜的规划设计，实现旅游价值挖掘与人文生态保护的多赢局面，为象山港打造"湛蓝海水、美丽海湾、浪漫海岸、特色海岛"的独特文旅消费场景，充分回应宁波战略规划的宏观发展诉求。因此，笛东结合生态和旅游视角，以打造国家级著名蓝色生态休闲港湾为象山港的规划愿景，将区域空间格局划分为区域生态带、山海风光廊道、风貌特色区和生态景观核心等单元，提出 11 个景观特色控制单元和 10 个特色风貌节点，在生态、休闲、景观、文化等多方面塑造象山港特色十景和国家海湾公园的丰富品牌形象（图 5-11 ~ 图 5-13）。

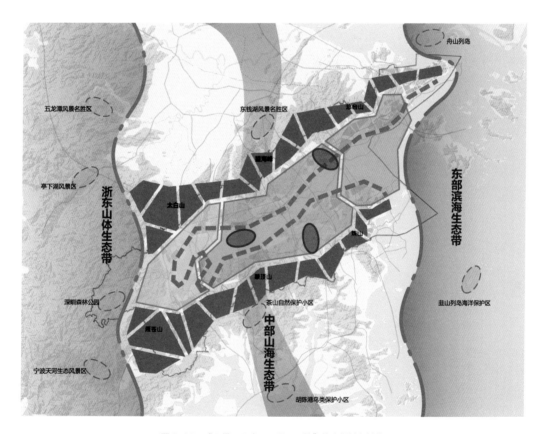

图 5-11 "三带、三廊、三区、三核"的空间特色结构

打造强体验性的自然景观风貌

例如在稻田风貌区，保护区域内的大规模异质性景观，并利用稻田内的小山体塑造特色体验地带，打造功能性观赏区；在船厂风貌区，保留工业区内部分绿带与山体景观通廊；在森林公园风貌区，通过建立慢行绿道系统引导人们适度游览，感受滨海森林公园风光。

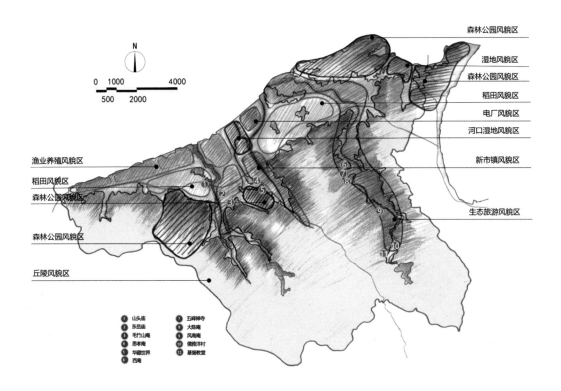

图 5-12 依谷发展、带状延伸，提取森林公园、寺庙、水库元素，打造特色功能片区

营造沉浸式的文旅体验场景

　　例如在古镇风貌区，将瞻岐古镇作为整体保留下来，突出村屋聚集成群的特色和建筑形式、色彩等独有风貌；在渔业养殖风貌区，保护渔村与山海间的空间关系，维持特色景观，结合当地特有的渔业特色，延续原乡文明；在生态旅游风貌区，充分利用该区域的农田景观、多处寺庙、水系、大型水库、历史人文名村等类型丰富的特色资源，构筑具有原真性和人文特色的带状游览胜地。

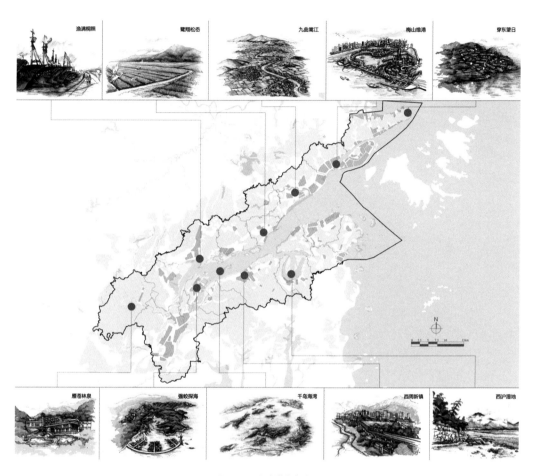

图 5-13 象山港印象十景

构建结合自然和人文景观的绿道系统

一级绿道为主要联外区域慢行道，结合滨海湿地景观和旅游景点形成滨海步道；二级绿道为主要河流通廊，形成滨水休闲道，结合森林公园设置山地慢行道；三级绿道为历史名村和特色村庄建立人文步行道，主要自然景观节点设置步行道（图 5-14）。

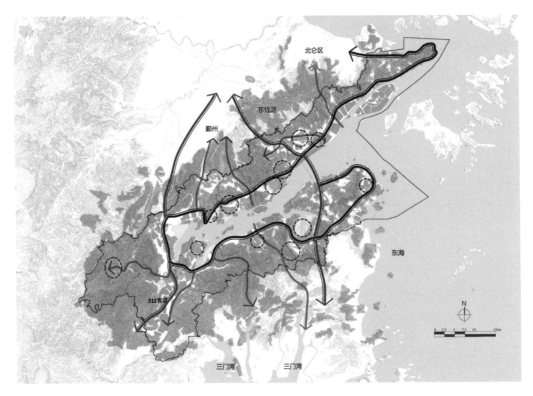

图 5-14 绿道系统梳理

实现区域在环境保护与经济发展之间的协调与可持续发展，是一项复杂且长期的发展与规划任务，因此需要对在地性、空间基因和资源状况进行理性全面的分析，以系统性、前瞻性的思路，协调多层次的发展目标，从而指引空间设计与干预的合理路径和关键策略。

由笛东于 2015 年底主持的象山港区域规划项目，以创新的研究方法、严谨全面的学科考量，为象山港总体规划的完善发布提供了专业支持，并于同年荣获由宁波市城市规划学会授予的"2015年度宁波市优秀城乡规划设计奖"这一殊荣。相信在未来，位列区域生态港湾前沿建设的象山港，将为国家公园体系以及公园城市建设提供规划与设计层面的启示。

5.2 以特色文化为纽带，构建多元化互动场景
——江西婺源与贵州丹寨的整体规划设计

除了以生态保护为重的国家公园规划和设计以外，公园城市理论中关于生产、生活、生态"三生融合"的理念，同时还能指导民俗特色型空间的规划与设计。

"民俗"在特定地域环境下形成，是体现人与环境互动的风俗传统；在此基础上所衍生的民俗旅游产业模式，旨在对地域民俗文化资源在开发、保护与传承之间进行协同，既能满足游客对体验、观察和参与地域性民俗文化的需求，又能实现对民族区域自然和生态民俗文化的保护和可持续发展，是近年来现代旅游经济关注的热点之一[1]。

然而，地域性民俗文化所依存的环境空间，依托种植业、养殖业和村落生产生活为基础，多以较小的规模分散于田园基底之中。同时，近十年来中国旅游业发展迅速，国内旅游总人次由 2011 年的 26.41 亿人次增长到 2019 年的 60.06 亿人次，同比增长 127.4%[2]（图 5-15）。

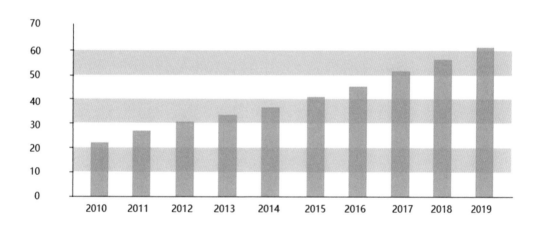

2010—2019 年中国国内旅游人数（单位：亿人次）
图 5-15　国内旅游业发展迅猛的十年（来源：中国文化和旅游部）

在此背景下，中国旅游者个体流动自主性和流动能力的提高，且旅游者活动空间范围扩大，均带来了旅游流分散化、全域化的压力[3]。面对日益多元且庞大的旅游需求，民俗旅游基础设施空间布局和建设，无论是在硬件（如交通）还是软件（如人力）层面都尚未完善，部分规划体系设计对策，也未能充分结合当地发展水平，因地制宜，提供合适的旅游路线与综合功能服务等。在过度开发、过度商业化的趋势下，民俗旅游产业仍存在环境破坏、文化原真性缺失、开发层次低、旅游线路单一、

1　史敏 . 文化生态视角下我国民俗文化旅游的可持续发展 [J]. 黑龙江生态工程职业学院学报，2014, 27(4): 19-20.
2　新华社 . 2019 年我国国内游人数突破 60 亿人次 [EB/OL]. [2020-03-10].
3　徐雨利，李振亭 . 我国国内旅游流空间流动模式演替与全域旅游供给升级研究 [J]. 陕西师范大学学报：自然科学版，2019, 47(2): 84-90.

产品形式雷同单调等亟待解决的问题[1]。

因此，近年来我国旅游业向全域旅游发展转型，将特定区域作为完整旅游目的地进行整体规划布局、综合统筹管理、一体化营销推广。传统观光旅游的模式也逐步向注重休闲体验倾斜，结合旅游者动机，合理有效配置当地旅游资源，完善旅游基础设施网络的整体布局，加速资源整合与创新、产业融合与优化，匹配旅游发展个人化、多元化的现状，建立区域可达性高的交通网络系统，提高旅游吸引物的活力、促进游客自组织路线的自主选择。

笛东认为，在公园城市的语境下，应以重塑自然环境空间基因为载体，培育地域文化特色和产业优势，依托全域旅游的发展模式，为打造民俗特色型空间指明方向，实现生态保护、民俗体验、文化传承和经济发展之间的互利共赢。

例如，在 2019 年，笛东规划团队曾对江西省婺源县进行了全域旅游规划的思考与实践，其规划面积达 2967 平方千米，覆盖 36.2 万人。婺源有着"中国最美乡村"称号，是全国唯一一个全县域命名 3A 级景区，承袭底蕴丰厚的徽派文化，以油菜花观光景点闻名，其空间基因可概括为"花田古村、近山溯水"，对其生态格局和资源结构分析如下（图 5-16）。

自然生态旅游资源

婺源有着连绵起伏的山脉和纵横交错的河谷，在村落间散布山、水、林、田等多样的地景资源。

人文旅游资源

在婺源，多个聚落星罗棋布，包括 13 个历史文化名村、4 个中国历史文化名村、9 个省级历史文化名村、15 个中国传统村落、13 个国家重点文物保护单位。

---

1 许瑞芳，常国山 .21 世纪以来我国民俗旅游研究述评 [J]. 凯里学院学报，2017, 35(4): 43-47.

图 5-16　由油菜花田和徽派建筑构成的独特婺源美景 ©YaPEX, Creative Commons

当前，虽然婺源有着自然和人文资源的优势及其自身的特色观光旅游产品，但其民俗旅游资源呈散点式开发，未形成主从有序的网络，面临着东西发展失衡、淡旺季差距大、产品类型单一、同质竞争严重、交通游线不畅等瓶颈问题，迫切需要进行保护性、系统性、整合性的村镇旅游建设，全面提高现存旅游资源的价值，实现全域产业升级与创新。

为此，笛东以婺源村落间的山水林田为基本格局，提议就这些地景资源创造大地艺术或开发主题庄园，同时打造重点景区和水岸游廊，通过多维立体交通系统将彼此串联起来，形成全域旅游新组团（图 5-17、图 5-18）。重塑婺源的城镇空间布局、打造全域均衡的发展格局，既有助于实现"小村整收、中村合作、大村借势、多村联动"的整合优势，又能发挥"地景关联、游线连续、人文协同、产业联动"的集群效应。

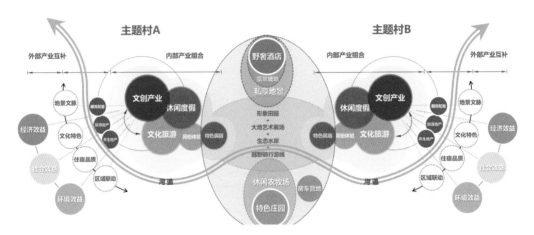

图 5-17　串联全域旅游的全新山水林田格局

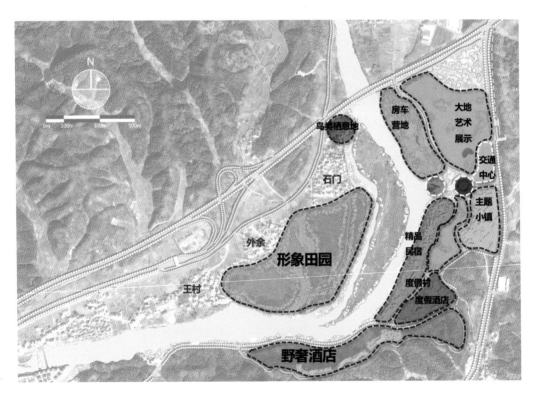

图 5-18　打造多元城市旅游形象区

笛东从因地制宜的视角出发，提出域内不同的空间发展策略，优化全域空间形态，突出地域特色。

"中优"

完善城市功能、建立系列特色文旅小镇，以城市旅游廊道串联各个景点。对于重点村落进行升级，例如在月亮湾旅游形象及综合接待中心，笛东建议在梳理空间结构的基础上，策划鸟类栖息地、田园形象区、民宿度假、大地艺术展示等综合主题功能区，打造代表水墨婺源的门户形象。

"东精"

在现有成熟景区进行景点转型升级，开发及挖掘本地特色产品组团发展，以现有成熟景区带动周边村镇发展。例如，在东北部的十堡、察关、虹关、岭脚为组团打造旅游文创河谷，沿山水田园脉络，打造一系列的养生抗老、儿童教育、文创艺术等特色主题小镇，作为婺源的整体建设示范区。

"北进"

以河谷为单元联动开发，进一步强化旅游产品和业态，打造养生抗老基地、源口星光树、西冲浪漫田园萤火虫基地、虹关影视节、灵岩洞猎奇河谷、十八里桃溪溯源河谷、十堡—岭脚文创旅游河谷、清婺飞扬欢乐世界等重点特色项目。

"西拓"

植入创新性体验游乐项目，进一步强化婺源旅游业态，填补西部旅游空白，打造旅游新型增长极，打造石井水上乐园、曹门人工智能乐园、科技动感乐园、太白电子音乐节、秀水湖自驾营地等重点特色项目。

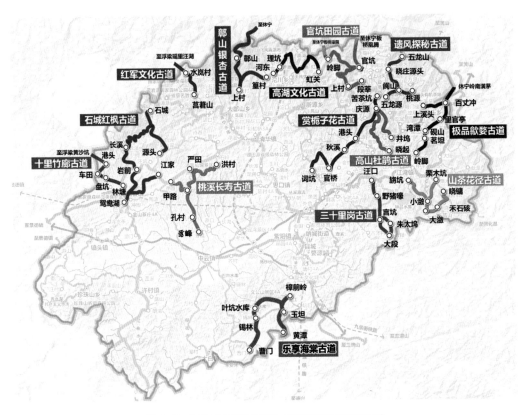

图 5-19 梳理 14 条精品古驿道，打造婺源文化旅游新品牌

基于空间基因对民俗旅游资源进行特色化、差异化开发，是笛东所提出策略的核心理念，依托山水河谷，利用流径古道，构建特色线路（图 5-19）。

另外，就产品创新的角度而言，笛东的三大全域发展重点，即塑造艺文区核心吸引力、补充娱乐休闲新体验、完善生活度假全配套，还进一步拓展了婺源的旅游产品体系，由以"吃、住、行、游、购、娱"的基本要素设计的旅游产品，向"商、养、学、闲、情、奇"扩展要素升级，补充四季旅游产品，创建夜间旅游产品，满足旅客日益个体化、多元化的文旅消费需求。

除了从全域空间规划的角度切入以外，地域文化特色的提炼也与构建多元化互动场景息息相关。在传统消费场景中，文化元素往往表现为趋同的建筑风格和环境软装，同质化程度严重，导致近年来国内大量特色小镇面临被淘汰的危机[1]。

---

1 前瞻产业研究院 . 2019 年中国特色小镇发展报告 [EB/OL]. 2019 年 . https://news.leju.com/2019-11-07/6598027594824990029.shtml.

而在公园城市视角下，消费场景更应关注与消费主体的情感连接，利用文化元素与商业元素的融合，从视、听、嗅、味、触等方面使消费主体产生沉浸式体验，从而使场景本身具有唯一性。利用文化衍生品与消费主体建立持久的联系，通过文化活动让消费场景更具情感温度，让公园城市更具文化内涵[1]。

因此，笛东认为，借助公园城市理念，构建强互动性的场所，而非对文化资源进行简单的"静态死保"，是将民俗文化特色元素注入旅游消费场景的关键。例如，位于黔东南的丹寨万达小镇，园区总面积 12.5 公顷，建筑面积约 5 万平方米。小镇的目标客群辐射全国，本为万达援建的产业扶贫项目，近年一跃成为特色文旅、现代与民俗融合的创新典范，截至 2019 年底，累计已接待逾千万游客（图5-20）。

图 5-20　民俗与文旅的结合的丹寨小镇

在丹寨的整体空间设计过程中，笛东充分分析了周边的自然条件和资源，并从宏观角度对其进行整合改善，区分不同景观层次与等级顺序，最大限度地利用东湖湖畔的区位优势，突出重点控制的景观区域，通过概念研究确立主导意向，打造"一环、两街、四点、多空间"的"S"形景观结构体系，极大地增加游览趣味，提升游览的多元性和游客与环境之间的互动性（图5-21）。

1　刘琼. 公园城市消费场景研究 [J]. 城乡规划，2019(1): 65-72.

而在系统地考察在地文化后，笛东的设计师挖掘了如斗牛、斗鸡、古法造纸等传统娱乐项目及技艺，通过打造四个公共空间触媒和独具特色的景观小品，将这些珍贵民俗合理地植入小镇的整体空间设计之中，对其进行保护的同时，更深度地还原了当地居民的生活场景，同时为旅客提供独一无二的沉浸式民俗体验（图5-22）。通过景观空间的主题化设计，该方案有助于培育"可赏、可居、可游"的创新民俗综合业态，是"丹寨模式"成功的关键一环。

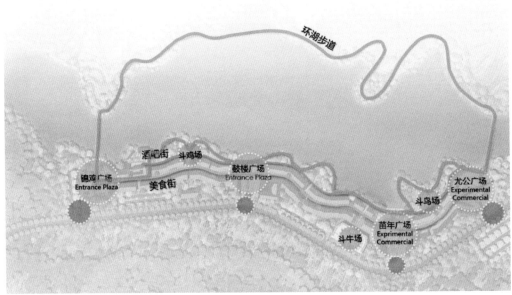

图 5-21　丹寨整体景观结构体系

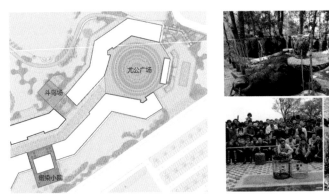

图 5-22　融合民俗的景观空间设计策略

民俗特色型空间的规划与设计，需要根植于在地性和空间基因，在自然与人文资源禀赋之间，以创新平衡保育、活化、开发等多重需求，实现公园城市"三生融合"的愿景图（图5-23、图5-24）。为此，以全域发展的宏观视角结合多元互动场景的微观视角，有助于我们充分发掘场地的多维价值。

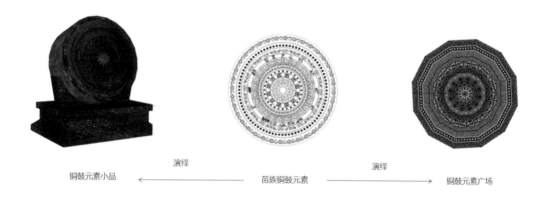

铜鼓元素小品　←——　演绎　——　苗族铜鼓元素　——　演绎　——→　铜鼓元素广场

图 5-23　提炼文化亮点元素，融入空间设计

图 5-24　构建场地延续民俗文化与精神

5.3 打造滨水园林城市名片，提升可持续竞争力
——安徽六安城区空间特色规划

生态保护型与民俗特色型空间，从本质而言依托自然风光和民俗文化等较为传统的旅游资源。而由于当代快速发展的城市经济和人们需求逐步由观光向社交、休闲娱乐游的转化，逐渐衍生出第三种建设兼具特色和现代化的公园城市空间的途径，即打造将 IP（intellectual property，知识产权）概念和城市投资、开发与运营相结合的"城市 IP"，对于特定城市价值进行创意提升，并整合其实现过程中的资源要素，形成特有的文化符号和文旅空间[1]。"绿色城市""海绵城市""智慧城市""人文城市"等概念，除了是城市规划和设计的手段以外，都可视为一种城市 IP。

城市 IP 的兴起，与国内文旅市场的激烈竞争和发展同质化现象息息相关。在全球加速城市化的大背景下，我国城市的全球竞争力总体提升，多个超大型城市已跻身国际一流水平[2]；同时，大都市圈也主导着国内的城市竞争力格局[3]。而随着我国城镇体系格局不断走向均衡化，不少二、三线城市面临着提升自身能级的历史机遇，其竞争力却停滞不前，难以形成真正的发展突破，城市形象重复，无特色记忆点；在缺乏理论指导的情况下，城市中的街区文化特征不明显，人气匮乏，经营思路模糊[4]；城际交通的便捷，也让不少城市面临着"留客难"的问题。

在此背景下，尊重原有空间基因，塑造城市的地域性、文化性和时代性特征，打造专属公园城市理念的文旅城市 IP，将为国内二、三线城市提供明晰的发展思路、具有国际化视野与前瞻性思维的工具和方法指导，从而带来商业模式与消费的升级，提升城市可持续竞争力。

国际上已有不少以文化特色提升城市经济竞争力的成功案例。例如，德国的斯图加特在城市内部及周边地带设置自然保护区和景观保护区，同时打造内部的绿地体系，再根据各个地段的不同情况，沿内卡河灵活设置了形态不一的带状滨水绿地与亲水空间。在重塑城市的山水格局后，斯图加特的特色风貌塑造着重强调每个时代的自身特征，例如完整保留历史城区的风貌，突显新区发展的新时代特色，形成新旧相融的均衡格局（图 5-25）。

同样，法国里昂也重点对新老城区鲜明的风貌特色进行区分，对于城市形象、精神文明等软性资源进行再塑造，例如将城市特色文化符号有机融入城市建筑和公共空间，形成具有可辨识度的标识体现，提升城市形象；严格控制建筑高度、色彩、形式以及广告和停车设施，强调街景的连续性和统一性（图 5-26）。

1　林竹 . 城市 IP——面向未来的中国城市创新之路 [J]. 经济导刊，2018(1): 48-51.

2　Kearney. The 2020 Global Cities Report[EB/OL].2020. https://www.kearney.com/global-cities/2020.

3　中国城市竞争力报告发布：武汉城市综合经济竞争力排前十 [N/OL]. 经济日报，2020. https://cn.chinadaily.com.cn/a/202010/22/WS5f92308aa3101e7ce972ad43.html.

4　桂淑芳 . 基于城市特色街区 IP 打造的文创产品设计研究 [D]. 合肥：合肥工业大学，2018.

图 5-25　新旧交融的斯图加特风光 ©Brücke-Osteuropa, Creative Commons

图 5-26　里昂融合统一的城市肌理 ©Nguyen Dang Hoang Nhu, Unsplash

由笛东主持的安徽六安城区空间特色规划工作，也同时面临着能级提升的重大历史性机遇和缺乏突破的城市化瓶颈。这次规划提案覆盖六安市中心城区全域，总规划建设用地约 120 平方千米。

笛东对标国际的最佳实践，从了解六安的空间基因出发，把握场地的地脉与文脉特征（图5-27）。六安古称"皋城"，拥有悠久的建城历史和深厚的文化底蕴。在过去，六安的城市空间拓展的主体集中在城市中心区外围，呈蔓延式拓展态势；而在近十年来，六安为了构建未来中心城区更为合理的整体空间结构，同时提供充足的空间配合产业结构升级和经济发展策略，将城市的发展重心向东、向北转移，适当向西发展。

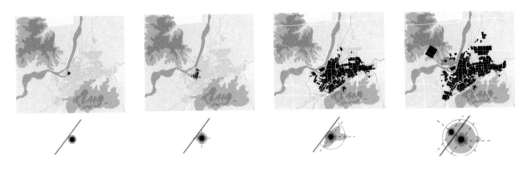

图 5-27   提取六安的城市空间基因及其演变规律

根据政府的城市总体规划，六安城区被定位为南京与武汉两大都市圈重要节点城市、合肥经济圈副中心城市、安徽省加工制造业的重要基地之一、皖江城市带承接产业转移产业链承接基地。虽然六安有其显著的区位和政策优势，但其现存的城市水绿结构尚未能凸显，从功能角度而言，当前自然景观仅满足生活需求，重"量"而非"质"，滨水绿化景观建设缺乏特色、氛围以及休憩设施和游玩项目。另外，城市空间中的人文风貌辨识度欠缺，公园公共空间联系度低且缺乏活力，因此亟须在本地资源最大化的基础上，深入挖掘城市特色文旅资源，打造专属六安的特色城市 IP 和门户形象，赋能城市文旅，以文化带动经济与产业的升级与转型（图 5-28）。

有鉴于此，笛东提出了以下风貌塑造策略，针对六安本身的资源特点进行系统性的开发，将六安打造为具有滨水园林特色的现代化宜居城市 IP。

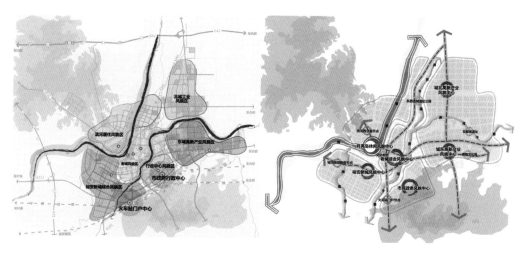

图 5-28a（左）　缺乏辨识度与特色的现状空间格局
图 5-28b（右）　强化风貌组团特色的空间策略

优化改善滨水城市绿化空间网络

笛东建议对六安的水绿格局进行明确和提升，一方面保留或扩大城市片区现有的块状带状绿地，同时开辟新的城市绿化空间，使得城市绿化空间有序分布，合理配置；另一方面，以"绿道"为媒介重组公共空间和慢行系统，激发市民游憩活动，在打通水绿生态廊道的同时，构建具有水绿特色的六安游憩系统（图 5-29）。

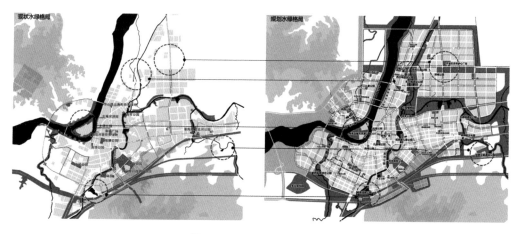

图 5-29　重塑水绿格局的空间策略

营造一体化的特色公共空间网络

笛东针对六安公共空间规划的现存问题，提出进行重新定义、修复与提升的三大策略。通过街道主题化、门户节点塑造、游憩活动策划、打造"六安十景"等触媒，在体现六安的现代文化与城市风貌特色的同时，也提供尽可能多的亲水近水的休闲活动场所，策划不同规模、不同类型、外向度高的城市活动，吸引城市居民进入公共空间，提升六安的城市活力和旅游品质，塑造具备特色的公共生活回忆（图5-30）。

打造沉浸式的特色风貌节点

在优化水绿空间结构和公共空间网络的基础上，笛东提出打造主结构为龙形的"六安文化体验旅游线路"，涵盖三个特色风貌节点。在文化老街旅游区，结合皋城文化公园、北塔公园、南塔公园，复兴与活化老城现有的民俗建筑和文化建筑，形成老城历史文化旅游服务片区；在东西古城文化体验区，结合东西古城遗址公园和绿道公园，打造北部片区的精品文化体验游览区，体现六安的皖西滨水风情和古城遗址特色；在东部历史文化风貌区，依托皋陶文化及双墩汉墓的文化价值，整合现有规划，衍生文化内涵，整体打造东部历史文化风貌（图5-31～图5-33）。

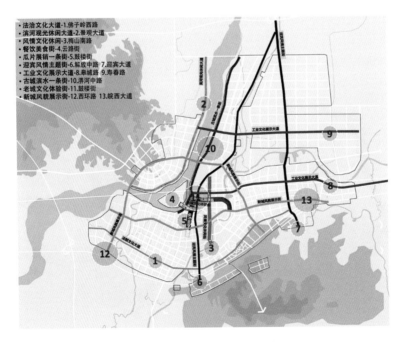

图5-30　定义不同的主题大道

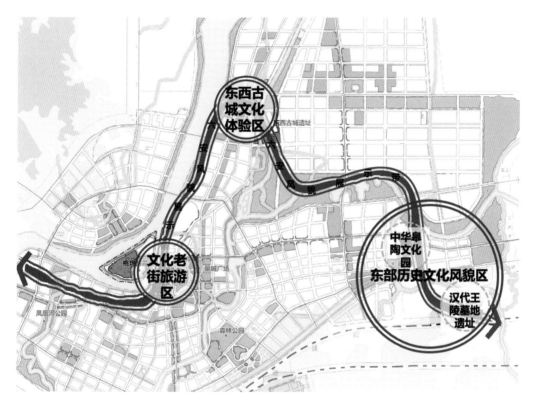

图 5-31 复兴特色街区、唤醒文化记忆

打造"水绿茶都"的六安特色名片和文化品牌

笛东认为，城市名片效应能为前往游览的人群创设一种体验式消费的环境。六安瓜片是国家级历史名茶，中国十大经典名茶之一。结合六安水、绿的平原城市格局，笛东提出"水绿茶都"的六安特色名片，并围绕六安独有的皋陶文化、茶文化和红色文化等特色资源，在标识系统、品牌活动、空间形象和创意活动筹划等城市领域，融入与"水绿茶都"相关的创意符号及元素，包括统一运用可识别度高的水绿茶都形象、策划代表茶都品牌的节庆活动和品牌宣传、在城市公共空间中举办各种水绿茶都主题的设计工作坊、征集与支援与茶相关的创意活动等。

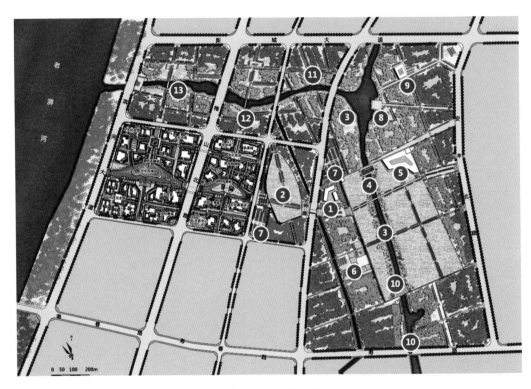

图 5-32　东西古城文化体验区总平面图

图 5-33　滨水小镇设计效果图

笛东希望借助这些打造城市 IP 的不同方式，吸引游人主动探索六安的文化特色，而非被动地接受文化输出，并以此刺激在沉浸式城市环境中的多次消费甚至是虚拟网络中的持续消费，促进产业升级和提升商业模式，同时积淀城市可持续发展的文化资本，从而实现以文旅兴市的愿景，构筑六安具有差异性优势的竞争力。

5.4 总　结

　　回顾以往的城市发展模式，其经济发展依赖自然资源消耗和人口集聚效应，易导致恶劣的环境污染和生态破坏等问题。公园城市理论的提出，不仅有助于修复城市中破碎的生态环境，优化居住空间，从本章的讨论中也能看出它对于城市向内生发展模式升级的指导意义，通过产业结构调整、增长方式转变，在提升城市可持续发展竞争力的同时，保留城市独有的自然、历史和人文印记。

　　笛东的"在地"视角，旨在通过辨析场地的空间基因，通过多样的空间规划与设计策略，提炼城市的优质资源，包括象山港所代表的自然禀赋、婺源和丹寨所代表的民俗特色、六安所代表的文化 IP 等三大类别，培育日益蓬勃的特色文化旅游产业，强调具备创意和特色的策划、设计、营销和消费，打造发展的新增长点，使之成为城市产业结构的优化、升级和转型的动力，促进城市在文化、产业、服务和形象等范畴协调发展、多元共生[1]。

1　王林生.文化 IP 是推动城市内涵式发展的重要动力 [J].中国国情国力，2018(11): 37-39.

结语和展望

结语和展望

公园城市的建设秉持以人为本的理念，以生态机制为出发点，而后实现公园与城市空间的有机融合，生产、生活、生态空间的彼此相宜，自然、经济、社会、人文的互相促进，将优美的环境进一步转变为经济效益和生活品质 [1]。

这一命题是复杂而多样的，对于规划设计师，在进行公园城市实践的过程中，往往需要应对许许多多的问题，这些问题不仅关乎建成环境的形态，也关乎各方面不同诉求的平衡，更关乎人们每日具体的生活、对环境的反馈。这一过程的完成与完善需要经历漫长的时间，更需要设计者运用其创新的思维与专业的能力，对眼前及未来的社会动态与发展趋势作出积极的应对。

在未来，伴随着技术的进步和人们生活方式的不断转变，公园城市的建设也将面临更多新的挑战和机遇。一方面，互联网技术的飞速发展以及 2020 年新冠疫情的到来，正在极大地改变人们的生活方式，使得人们的行为趋于直接、离散和孤立，人们的不同需求也相应改变，公共空间的概念以也由此发生转变 [2]。另一方面，5G、物联网、云计算正在快速普及，这些革命性技术将带来新的城市设计与管理模式，例如能够准确量化人们在日常时空的选择性行为，定量分析居民的生活偏好、消费行为、个人活动模式等。这将为管理决策者、规划设计者、科研人员提供崭新的视角和创新的方法，开启了更加精细的、对公园城市以及人本空间的研究，使他们可以对个体产生的数据进行关注和挖掘，立足于景观学科对人及其生活的关怀，对传统的规划及公共空间设计进行优化，激发城市潜在的活力。

在这样的背景下，设计师们对于城市发展的思索也不会止息，并将为未来的城市建设贡献力量，从各个方面深化公园城市的实践与实验。

公园城市的项目管理与反馈

公园城市环境的设计与营造，应该将后期持续性的维护和运营囊括在内，并以最终将空间还给城市居民为目的，让人成为城市环境的主导者，才能达到城市环境的良性发展，真正落实共建共享。

提高公众的参与度，在当下已有很多实践案例，如同济大学景观学者刘悦来的社区农场项目——创智农园就是如此。该项目在设计阶段，强化社区居民的参与式设计，在规划师的协助和指导下，鼓励居民一同思考社区未来，并且强调过程中的交流与分享，以此平衡不同使用群体的需求；在建

---

1 联合国开发计划署，清华大学中国发展规划研究院，国家信息中心三 . 中国人类发展报告 [M]. 北京：中国出版集团中译出版社，2019.

2 袁松亭 . 互联网时代下基于人的行为角度的城市公共空间设计 [J]. 风景园林，2021: 5.

造维护阶段，号召居民与社区协同合作，多方力量参与营建和维护，创建紧密的合作关系；在管理阶段，形成长期的社区组织，实现有序的社区自治，也培养人们对于环境的归属感。[1]

同时，应积极通过第三方监督，提升公园城市建设过程中的反馈机制。例如，通过智慧城管[2]等城市管理新模式，利用各类随时随地的感知设备和智能化系统，智能识别、立体感知城市环境、状态、位置等信息的全方位变化，对感知数据进行融合、分析和处理，继而主动作出响应，促进城市的高效管理与设计的进一步调整。

"网红"时代的公园城市

随着网络时代的到来，借助新媒体传播平台的巨大流量，打造城市线上形象的正在成为不少城市增强竞争力的重要手段，"打卡"与"网红"成为当今网络环境塑造的热门词汇。一方面设计师需要意识到其中蕴含的创新机会，另一方面也应对过于关注环境外观的现象保持客观的评判。

"公园城市"的战略是对原有城市环境进行系统性的提升与整理，有助于打造具备区分度的城市地标，能让"打卡"胜地更合理地遍布城市的各个角落，创造有视觉冲击力的环境，增加旅游的到访人次，对于提升城市的吸引力很有帮助。除却对于流量吸引的关注，"公园城市"还应真正落实良好环境的塑造，提高城市环境品质，提升人们的生活质量，丰富人们的体验，规划有内涵的、舒适的居住地和新型旅游目的地，实现长久、可持续的城市吸引力。

高科技时代的公园城市

科学技术的进步，也赋予了公园城市的发展更多可能性。人与环境的互动、人对环境的体验都可以通过技术获得增强，设计师可以通过运用声音、光线、全息投影等元素，增加公园城市的体验维度，引导人们对空间的感知；更可以通过机器人智能服务满足人们日益多元的需求，通过城市运营碳足迹的记录管理公园城市体系的低碳排放以及可持续发展。

借助现代科技，公园城市也将成为生态科普、文化教育的平台，实现活态博物馆的概念。为人民群众以及下一代提供生动的生物多样性教育基地，通过展示如雨水净化展示装置、种子博物馆、

---

1 刘悦来：旨在社区营造的都市空间更新实验 [EB/OL]. 中国城市规划网，[2018-11-06]. http://www1.planning.org.cn/report/view?id=280.
2 智慧城管是新一代信息技术支撑、知识社会创新 2.0 环境下的城市管理新模式。

生态漂浮岛等场所，动态展现自然生态的循环过程。

另外，生态系统的内生自循环加上高科技的主动辅助，将使得公园城市如同大自然本身一样，以高效、低维护成本的方式运行，利用如智能垃圾处理系统等技术满足能源需求、降低废物排放，在控制人为干预程度的同时，也降低了公园城市维护和运营的代价。

后疫情时代的公园城市

2020 年突如其来的新冠疫情让人们的生活和社交方式都发生了重大改变，在提倡保持社交距离的当下，高质量的开放空间对城市的发展、大型灾难的防控、人们身心健康的保持，都变得更加重要，这也再次证明了公园城市战略的重要性。

本次疫情给我们的警示，也对公园城市的下一步实践提出了更多的要求。在未来，考虑到下一次传染病暴发的可能性，公园城市的打造需要以社区为中心，就小型公共空间、公园及绿地进行更合理的布局。在疫情的特殊时期，当人们去往各个场所的可能性被遏制，并且趋向以社区为中心进行空间活动时，我们所规划设计的公园城市仍能为人们的日常活动提供空间载体，灵活应对不同的极端情境。

另外，疫情过后，人们对健康的追求也会更加迫切，公园城市需要满足人们对运动及休闲的各种需求，提供丰富连续的户外空间。对于这次疫情中的感染者而言，公园城市也应相应地在城市中布置康养场所，使得他们拥有自然疗愈的空间，以抚慰灾后的心灵。

气候变化时代的公园城市

此外，根据世界气象组织的数据，2015—2019 年间，气候变化的警示迹象有所增加，影响广泛，如海平面上升、覆冰损失和极端天气等现象发生频繁[1]。2020 年温室气体浓度已达到了 300 万年来的最高水平，并仍在持续上升，2016—2020 年则是有记录以来最暖的五年，锁定了未来全球变暖的趋势[2]。

1 2015—2019 全球气候：气候加速变化 [EB/OL], 世界气候组织 . [2019-09-22]. https://public.wmo.int/zh-hans/media/%E6%96%B0%E9%97%BB%E9%80%9A%E7%A8%BF/2015-2019%E5%85%A8%E7%90%83%E6%B0%94%E5%80%99%EF%BC%9A%E6%B0%94%E5%80%99%E5%8A%A0%E9%80%9F%E5%8F%98%E5%8C%96.
2 联合国报告：气候变化并未因 2019 冠状病毒病而止步 [EB/OL]. 联合国 , [2020-09-09]. http://www.unachina.org/article/1659.

另外一方面，疫情与全球气候的变化有着千丝万缕的联系。由于疫情的警示，各国在疫情过后也将采用更多的绿色措施来推动经济的恢复，人们对于气候变化的重视程度也将提升。在这样的背景下，公园城市也应提出相应的策略应对气候变化，以城市与自然融合的系统减缓全球变暖，并在城市中设定以生态为基底的缓冲地带，应对将来突发的卫生及气候灾难事件。

结语

笛东一直在积极进行探索及实验，迎难而上。公司秉持创立以来逐渐形成的"艺术当代"的设计理念，以风景园林学和城市规划学为核心，以艺术与美学的人文精神为引领，以"在地设计"的系统性方法为指导，创造符合时代精神的公园城市设计，实现中国当代美好人居愿景。

笛东也同样注重研究与实践的专业性与综合性。摆脱设计师主观臆测给场地带来的个体化限制，由"在"出发，探寻设计因"地"而"生"的本质缘由，以学科的专业性发现、选取引领场地属性的原发本质。通过不断优化的设计方案因"地"制宜地解决方案问题，追求更高层次的景观设计与场地多重属性的连接，关怀更高价值的自然大地与人文环境，激活项目场地文化和生态层面的双重"基因"，创造出价值最大化的设计方案，真正实现整体环境的永续发展，真正从生态、人居、文化等不同层面积极实现高品质的城市环境。

在未来，笛东将会用实践进一步丰富"公园城市"的含义。